Sandy Kien

Holländischer Schäferhund

Sandy Kien

Holländischer Schäferhund

2. Auflage

Oertel+Spörer

Bildnachweis
Titelbild: Dr. Gabriele Lehari
Innenteilbilder:
Alexandra Cafuta S. 10, 43 u., 44, 60, 63 o.
Walter Hupfer S. 47 u.
Dr. Gabriele Lehari S. 9, 16 (2), 17, 19, 20 (2), 22, 23, 26, 29, 30, 36, 41, 48, 49, 53, 54, 63 u., 65, 69, 71, 75, 76, 82, 87, 89 o., 93, 95
Andreas Riffer S. 37
Anita Stegehuis S. 20, 46, 47 o., 59, 84
Alle anderen Bilder von der Autorin.

Haftungsausschluss

Bibliografische Information der Deutschen Nationalbibliothek
Die Deutsche Nationalbibliothek verzeichnet diese Publikation in der Deutschen Nationalbibliografie; detaillierte bibliografische Daten sind im Internet über http://dnb.d-nb.de abrufbar.

Postfach 16 42 · 72706 Reutlingen

2. Auflage
Lektorat: Dr. Gabriele Lehari
DTP und Repro: raff digital gmbh, Riederich
Druck und Einband: AZ Druck und Datentechnik, Kempten | Allgäu
Printed in Germany
ISBN 978-3-88627-849-7

Inhalt

Vorwort

Eigentlich war ich ja damals auf der Suche nach einem Belgischen Schäferhund, einem Malinois, als ich dort bei dem KNPV-Züchter einen Wurf vor Augen hatte, bei welchem die Welpen alle eine getigerte Fellfärbung hatten. Was um alles in der Welt war das? Ich brauchte nicht lange zu rätseln, denn der Züchter rückte auf meine Frage hin schnell mit einer Antwort raus. Das sind Holländische Schäferhunde, er benannte die Tiere als Hollandse Herder. Diese niedlichen kleinen Würmer waren gerade mal hamstergroß, vielleicht ein wenig größer, mit einem Gewicht von satten 300 Gramm, also frisch geboren. Doch als ich dieses getigerte Ding in meinen Händen hielt, war ich mir ziemlich sicher, dass ich so einen Hund haben wollte. Und es sollte auch nicht lange dauern.

Ich war es gewohnt, dynamische, große und mit einer großen Portion Persönlichkeit ausgestattete Hunde zu führen. Und genauso wurde mir die Rasse beschrieben. Ich wollte einen Hund haben, der mich begleitete und für mich war wie „ein Fels in der Brandung“. Diesen Hund bekam ich auch – sein Name: Apollo-Zeus.

Die Autorin mit ihrem ersten Holländischen Schäferhund „Zeus“.

Dieser Hund war für mich der Inbegriff eines Hollandse Herdershond. Mit einer Schulterhöhe von 64 cm und einem Gewicht von 39 kg war er groß und mächtig. Er besaß einen kompakten Körper und einen Nacken wie ein Stier.

Aber das Wesentliche an ihm war seine Art. Zeus beobachtete mich ständig und es gab keinen Tag, an dem er sich Fehler erlaubte. Dieser Hund machte einfach keine Fehler, das gab es gar nicht: Was er lernte, lernte er sofort und machte es einfach. Der Hund forderte nicht, ich durfte ihn erleben.

Dieses unbeschreibliche Tier war für mich ein Wesen, das nie einen Fuß vor den anderen tat, ohne darüber nach-

zudenken. Bevor er seinem Drang, von sich heraus etwas zu tun, nachgab, sah er mich an und fragte mit seinem Blick, ob das, was er zu tun gedachte, auch in Ordnung war. Und es bedurfte nur eines Blickes meinerseits, der ihm sagte, ja du darfst, oder nein, das finde ich nicht gut.
Nie hat er jemandem etwas getan, obwohl er alles bewachte, was er als seins einstufte. Nie hat er einem Hund ein Haar gekrümmt, nur wenn es darum ging, sich selbst zu verteidigen. Er war der beste Vater von seinen Welpen und der beste Onkel für meine Kinder. Und der beste Trainingshund in Schulen und Kindergärten. Ihn brachte absolut nichts aus der Ruhe, ihn konnte nichts nerven, er war ständig zum Spielen aufgelegt und mit ihm zu arbeiten war nur eine Sache der Verständigung.

Er war auch der Grund, warum ich mich für die Zucht der Herder entschieden habe. Für einen Herder braucht man keine lauten Worte. Es reicht ein kleines Zeichen.

IN EIGENER SACHE

Ein Buch zu schreiben, ist mit jeder Menge Arbeit verbunden. Ein Sachbuch über eine gewisse Hunderasse zu schreiben, erfordert noch viel mehr Engagement, da es für jede einzelne Rasse viele Freunde, Liebhaber und Züchter und somit auch eine Menge an Meinungen gibt.

Somit waren viele Kilometer an Fahrten für Recherche und für Interviews nötig, um dieses Buch überhaupt verfassen zu können. Dabei habe ich versucht, den Holländischen Schäferhund von allen Seiten mit seinen verschiedenen Facetten und Varianten darzustellen, ohne irgendeinen Verein, Verband, Züchter oder Halter zu bevorzugen oder für jemanden Partei zu ergreifen. Hinzu kommen natürlich meine eigenen Erfahrungen, die ich seit über zehn Jahren durch das Zusammenleben mit diesen Hunden sammeln konnte.

Alle wichtigen Aspekte werden in diesem Buch angesprochen, sodass sich jeder einen Überblick über diese Hunde, deren Wesen, ihre Besonderheiten und Verwendungsmöglichkeiten verschaffen kann. Dieses Buch soll auch eine Entscheidungshilfe sein, ob der Holländische Schäferhund für einen überhaupt die richtige Wahl ist.

Noch detailliertere und ausführlichere Beschreibungen der verschiedenen Themen würden allerdings den Rahmen dieses Buches sprengen. Näheres findet man bei der jeweiligen einschlägigen Literatur – gedruckt oder im Internet.

Geschichte, Ursprung und Standard

Der Hollandse Herdershond, der heute vielfach seinen Wirkungskreis als Sport-, Schutz- und Diensthund hat, wurde früher, nämlich seit dem frühen 18. Jahrhundert, eigentlich für völlig andere Dienste verwendet. „Herdershond“ bedeutet nichts anderes als „Schäferhund“, was genau genommen „Hund des Schäfers“ bedeutet, also ein Hund, der dem Hirten beim Hüten seiner Schafherden behilflich ist. Von Schäferhunden gab es damals mehrere Rassen und auch in mehreren Farben, doch als Belgien und die Niederlande eigene Wege gingen, war der Wunsch, auch die Hunderassen zu trennen, ein großes Anliegen. Allerdings war den meisten Bauern nicht die Reinzucht wichtig, sondern der Erhalt der Leistungsfähigkeit und des Typs. Damals war der Hund eher kleiner, leichter, sehr hochbeinig, kraftvoll, flink und meist mit einem rauen Haarkleid versehen.

Die Entwicklung des Holländischen Schäferhundes geschah mit Sicherheit zu demselben Zeitpunkt wie die des Deutschen Schäferhundes oder auch der Belgischen Schäferhunde. Doch der Holländer konnte mit dem Zuchteifer der anderen Rassen nicht mithalten, da er nach wie vor von den Bauern gebraucht wurde, für die ein bodenständiger, eifriger Hund wichtiger war als eine bestimmte Rassezugehörigkeit, was der Rasse allerdings sehr schadete. Der Hund verbreitete sich nur mäßig, da die Provinzen im Süden und Norden der Niederlande kein Heideland hatten und die Beweidung durch Schafe wegfiel. Immer wieder kam es bei Ausstellungen von Hütehunden, die nach keinem geordneten Standard gezüchtet wurden, zu Unstimmigkeiten.

Das raue Haarkleid kam bei den ersten Herdern, die noch als Hütehunde arbeiteten, häufig vor.

1898 kam schließlich Bewegung in die Sache, als der „Netherlandse Herdershonden Club“ (NHC = Club für Niederländische Hütehunde) gegründet wurde und die Rasse damit ihre Anerkennung erhielt. Der erste, nicht ganz eindeutige Standard wurde überarbeitet und neu geschrieben. Damals gab es noch sechs unterschiedliche Varianten:

Die gestromte Zeichnung ist ein typisches Merkmal für den Hollandse Herdershond.

- Kurzhaar
- Mittellanges Haar
- Langhaar mit aufstehendem Haar
- Langhaar mit fallendem Haar
- Stichelhaar
- Rauhaar

Es war sonst so ziemlich alles erlaubt, bis auf weiße Abzeichen am Kopf, an den Läufen und an der Rutenspitze. Natürlich sollte die Gebrauchsqualität des Hundes erhalten bleiben.

Allerdings entwickelte sich die Rasse nicht so wie gewünscht. Das Erscheinungsbild war windhundartig, was sich auch heute noch in so manchem Herder widerspiegelt. 1907 wurde auch die KNPV (Königlich Niederländische Polizeihundevereinigung) gegründet, der es bis heute hauptsächlich darum geht, die Gebrauchsfähigkeit des Hundes – lediglich in einem anderen Sektor – zu erhalten.

1914 kam es zu einer allgemeinen Beschränkung der Farben im Standard. Weiße Abzeichen wurden ganz verboten. Zugelassen wurden nur noch Silber- und Goldgestromt für den Kurzhaar, Pfeffer und Salz sowie Blaugrau für den Rauhaar und Silber- und Goldgestromt sowie Kastanienbraun für den Langhaar. Dadurch veränderte sich die genetische Vielfalt der Rasse drastisch.

Als man das Problem erkannte, wurden 1928 wieder weiße Abzeichen und 1934 weitere Farben zur Vergrößerung des Genpools zugelassen. Man sagt, dass es nur einige bestimmte Tiere waren, die ohne Abstammung in das Zuchtbuch aufgenommen wurden. Dieser Versuch, der Inzucht auszuweichen, kam reichlich spät, hatte man doch so viele gute Hunde durch den Standard von der Zucht ausgeschlossen.

1960 errang der Herder die Anerkennung durch die FCI. Dadurch schränkten sich die erlaubten Farben (von 1914) wieder ein. Auch Kastanienbraun war für den langhaarigen Schlag dieser Rasse nicht mehr zulässig.

FCI und KNPV

Als **FCI** bezeichnet man die Fédération Cynologique International, den Weltverband der Kynologie. Sie hat derzeit 86 Mitgliedsverbände, sozusagen ein Verband pro Mitgliedsland, die sich ausschließlich mit Rassen, Zucht, Haltung, Pflege, Erziehung und Krankheiten von Hunden beschäftigen. Die FCI bildet auch Richter aus, die dann Ihren Hund richten, wenn Sie ihn im Schauring präsentieren möchten.
In Österreich ist der Mitgliedsverband der FCI der ÖKV (Österreichischer Kynologenverband), in Deutschland der VDH (Verband für das Deutsche Hundewesen) und in der Schweiz die SKG (Schweizerische Kynologische Gesellschaft).

Die **KNPV** ist die Königlich Niederländische Polizeihundevereinigung. Dieser Verband hat es sich zur Aufgabe gemacht, Hunde für den Dienst bei der Polizei, zur Rettung, als Objektbewacher oder als Zugriffshunde auszubilden. Die KNPV besteht seit über 100 Jahren und kann auf eine erfolgreiche Geschichte zurückblicken. Turniere und Meisterschaften werden in der KNPV, deren Ausbildung auch zu einem festen Sport geworden ist, abgehalten und Tausende Zuschauer lassen sich von den Leistungen der Hunde verzaubern. Es sei dazu gesagt, dass für die KNPV das Aussehen eines Herders eher zweitrangig ist, solange er seine Leistung erbringt.

Um einen Herder aus der KNPV bei der FCI eintragen zu lassen, ist eine Phänotypbewertung erforderlich. Sollte die zugunsten des Hundes ausfallen, kann der Hund zur Zucht eingesetzt werden. Es besteht jedoch immer wieder Gefahr, dass durch den hohen Anteil an Malinoisblut beim Herder gelbe Welpen fallen oder dass weiße Abzeichen auftauchen, was dem KNPV-Herder zwar keinen Abbruch tut, aber bei der FCI nicht gern gesehen ist.

X-Herder und KNPV-Herder

Der KNPV-Herder ist jener Herder, der sportlich in der KNPV geführt wird, dort seine Prüfungen absolviert und dadurch erst seine Leistungen unter Beweis stellt. Nach diesen Leistungen wird in der KNPV der gute Zuchthund vom schlechten Zuchthund unterschieden und selektiert. Von einem KNPV-Herder darf man sprechen, wenn zumindest ein Elternteil die Prüfung beim KNPV abgelegt hat.

Standard – ja oder nein?
Beim KNPV gibt es keinen genauen Standard für den Hollandse Herdershond, da hier vor allem auf Leistung und nicht auf Schönheit gezüchtet wird. Anders verhält es sich beim FCI. Hier sollte der Hund vom äußeren Erscheinungsbild, vom Wesen und von der Veranlagung her einem gewissen Standard entsprechen, der im Folgenden vorgestellt wird.

Als X-Herder (auch X-Hollandse Herder genannt) versteht man jene Herder, die zwar aus KNPV-Linien kommen, aber nicht das KNPV-Programm durchlaufen haben und somit auch keine Prüfung in diesem Verband abgeschlossen haben. Das X steht für die nicht reinblütige Zucht des Hollandse Herdershond, das heißt, es können auch andere Rassen mit eingekreuzt sein. Meistens handelt es sich dabei um den belgischen Malinois. Sind die Welpen aus solchen Verpaarungen gestromt, werden sie X-Herder genannt. Sind sie gelb, werden sie X-Mechelaar genannt. Mehr zur Farbvererbung finden Sie auf S. 15 ff.

Da KNPV-Sport nur in Holland durchgeführt wird, ist es für Halter und Züchter von X-Herdern im Ausland schwierig, an den Status eines KNPV-Herders heranzukommen. Natürlich könnte man seinen Hund auch bei sich zu Hause ausbilden und dann in Holland antreten, was auch teilweise getan wird. Allerdings ist der Aufwand sehr groß, weswegen man sich hierzulande eher mit den normalen Schutzhundeprüfungen abgibt. Somit bleibt das X vor dem Herder. Viele Züchter außerhalb der Niederlande bedienen sich dieser Linien und können auf großartige Hunde in sämtlichen Diensten zurückblicken, obwohl sie niemals das KNPV-Programm durchlaufen haben.

Der FCI-Standard

Der Holländische Schäferhund wird bei der FCI der Rassegruppe 1 – Hüte- und Treibhunde (ohne Schweizer Sennenhunde) – und dort wiederum der Sektion 1 – Schäferhunde, ohne Arbeitsprüfung – zugeordnet. Der erste Rassestandard trat am 12.6.1898 in Kraft. Er wurde am 21.12.2019 das letzte Mal überarbeitet und wird im Folgenden leicht gekürzt wiedergegeben.

FCI-Standard Nr. 223

Ursprung: Niederlande

Varietäten: Kurzhaar, Langhaar, Rauhaar

Allgemeines Erscheinungsbild: Mittelgroßer, mittelschwerer, gut bemuskelter Hund von kräftigem, gut proportioniertem Körperbau. Ein Hund mit viel Ausdauer, einem lebhaften Wesen und intelligentem Ausdruck. Die Rasse ist vom Haar abhängend in die folgenden Varietäten unterteilt: Kurz-, Lang- und Rauhaar.

Wichtige Proportionen: Die Länge des Körpers (von der Spitze des Brustbeines bis zum Ende des Sitzbeinhöckers gemessen) ist größer als die Höhe am Widerrist, ungefähr 10:9, was zu einem trabenden Hund passt. Die Proportionen der Länge des Schädels und des Fangs sind 1:1.

Verhalten/Charakter (Wesen): Sehr treu und zuverlässig, immer aufmerksam, wachsam, aktiv, unabhängig, mit großer Ausdauer, intelligent, bereit folgsam zu sein und mit den Eigenschaften eines echten Schäferhundes ausgestattet. Der Holländische Schäferhund arbeitet gern mit seinem Besitzer zusammen und erledigt unabhängig jegliche Aufgaben, die ihm gestellt werden. Beim Hüten von größeren Herden muss er die Fähigkeit haben, mit mehreren anderen Hunden zusammen zu arbeiten.

Kopf: In guter Proportion zum Körper. Von oben und von der Seite gesehen ist er keilförmig. Seine Form ist ziemlich länglich, ohne Falten, trocken, mit flachen Wangen und ohne ausgeprägtes Jochbein. Bei der Rauhaarvarietät scheint der Kopf eine mehr viereckige Form zu haben, was nur eine optische Täuschung ist.

Schädel flach. Stopp wenig ausgeprägt, aber klar sichtbar. Nasenschwamm schwarz.

Fang etwas länger als der flache Schädel. Nasenrücken gerade und parallel mit der oberen Linie des Schädels. Lefzen anliegend und gut pigmentiert.

Kiefer/Zähne: Vollständiges Scherengebiss, kräftig, regelmäßig.

Augen: Dunkle Farbe und mittelgroß. Die Augen sind mandelförmig und etwas schräg platziert. Die Augen sollten nicht zu weit auseinanderstehen und auch nicht hervorstehen.

Ohren: Mittlere Größe. Im Erregungszustand stehen die Ohren hoch aufgerichtet.

Hals: Nicht zu kurz, trocken, ohne Wamme, allmählich in den Körper übergehend.

Körper: Kräftig, aber nicht ohne Adel. Rückenlinie sanfter und weicher Übergang vom Hals zur oberen Linie des Körpers, in welcher Kopf und Hals in einer natürlichen Pose gehalten werden. Rücken gerade und kräftig. Lenden kräftig, weder lang noch schmal. Kruppe etwas abfallend, nicht kurz. Brust tief und lang genug, nicht schmal, Rippen etwas gewölbt. Untere Profillinie und Bauch etwas hochgezogen. Vorderbrust ziemlich gut entwickelt.

Rute: In Ruhe gerade nach unten hängend oder leicht gebogen reicht sie bis zu den Sprunggelenken. In der Bewegung wird sie elegant höher getragen, jedoch nie seitlich oder als Ringelrute.

Gliedmaßen

Vorderhand: Die Vorderbeine sind kräftig, von guter Länge und gut bemuskelt. Die Knochen sind solide, aber nicht schwer. Immer senkrecht, in Form einer Geraden, aber mit ausreichender Federung im Vorderfußwurzelgelenk. Schulterblätter gut am Brustkorb anliegend und schräg. Oberarm ungefähr von gleicher Länge wie die Schulterblätter und gut gewinkelt mit den anschließenden Knochen. Ellbogen gut anliegend. Vorderpfoten oval. Zehen eng aneinander liegend und gewölbt. Nägel schwarz und elastische Ballen von dunkler Farbe.

Hinterhand: Die Hinterbeine sind kräftig und gut bemuskelt. Der Knochenbau ist fest, aber nicht schwer. Nicht übermäßig gewinkelt. Schenkel und Unterschenkel von ungefähr gleicher Länge. Sprunggelenk senkrecht unterhalb des Sitzbeinhöckers. Afterkrallen nicht vorhanden. Hinterpfoten oval. Zehen eng aneinander liegend und gewölbt. Nägel schwarz und elastische Ballen von dunkler Farbe.

Gangwerk: Der Holländische Schäferhund ist ein Traber mit einem fließenden, gleichmäßigen und geschmeidigen Gangwerk, ohne übertriebenen Schub oder zu weit ausgreifend.

Haarkleid

Kurzhaar: Gewünscht wird am ganzen Körper ein recht hartes, nicht zu kurzes Haar mit Unterwolle. Kragen, Hosen und befederte Rute müssen deutlich sichtbar sein.

Langhaar: Am ganzen Körper langes, gerades, anliegendes und sich grob anfühlendes Haar ohne Locken oder Wellen und mit Unterwolle. Deutliche Kragen und Hosen. Rute rundum reichlich behaart. Kopf, Ohren und Pfoten und auch die Hinterbeine unterhalb der Sprunggelenke sind kurz und dicht behaart. Die Rückseite der Vorderbeine hat ein stark entwickeltes Haar, das nach unten zu den Pfoten in Länge abnimmt, die sogenannten Federn. Keine Fransen an den Ohren.

Rauhaar: Am ganzen Körper – abgesehen vom Kopf – dichtes, hartes, buschiges Haar und dichte Unterwolle. Das Haarkleid muss dicht geschlossen sein. Ober- und Unterlippe sollten reichlich behaart sein (der sogenannte Schnauz- und Kinnbart) und zwei gut entwickelte, struppige, harsche Augenbrauen, welche auffällig sind, aber nicht übertrieben. Die Befederung ist nicht weich. Das Haar auf dem Schädel und an den Wangen ist nicht so stark entwickelt. Im Profil gesehen erscheint der Kopf quadratisch. Stark entwickelte Hosen sind erwünscht. Die Rute ist rundum stark behaart. Die gestromte Farbe kann etwas weniger offensichtlich sein aufgrund des zerzausten Haares. Das Rauhaar sollte im Durchschnitt zweimal jährlich handgestrippt werden.

Farbe: Gestromt. Die Grundfarbe ist Gold oder Silber. Die goldene Farbe kann von heller Sandfarbe bis zu Kastanienrot variieren. Die Stromung erstreckt sich klar über den ganzen Körper, auch an Kragen, Hosen und Rute. Zu viel Schwarz ist unerwünscht. Eine schwarze Maske ist bevorzugt. Große weiße Markierungen an der Brust oder den Pfoten sind nicht erwünscht.

Größe

Widerristhöhe: Rüden 57 bis 62 cm; Hündinnen 55 bis 60 cm.

Fehler: Jede Abweichung von den vorgenannten Punkten muss als Fehler angesehen werden, dessen Bewertung in genauem Verhältnis zum Grad der Abweichung stehen sollte und dessen Einfluss auf die Gesundheit und das Wohlbefinden des Hundes zu beachten ist.

Ausschließende Fehler: Aggressiv oder ängstlich; fehlender Rassetyp; Hunde, die deutlich physische Anomalitäten oder Verhaltensstörungen aufweisen, müssen disqualifiziert werden.

N.B.: Rüden müssen zwei offensichtlich normal entwickelte Hoden aufweisen, die sich vollständig im Hodensack befinden. Zur Zucht sollten ausschließlich funktional und klinisch gesunde, rassetypische Hunde verwendet werden.

Die Farbvererbung beim Herder

Die gestromte Färbung ist typisch für den Holländischen Schäferhund und auch im FCI-Standard so vorgeschrieben. Da diese Zeichnung nur bei wenigen Hunderassen vorkommt, soll hier kurz auf diese Besonderheit eingegangen werden.

Der K-Lokus spielt eine ganz wichtige Rolle bei der Vererbung der Fellfarbe bei Hunden. Ein häufiges dominantes Allel ist $\mathbf{K^B}$. Hunde mit diesem Gen sind in ihren pigmentierten Bereichen einfarbig.

Beim Holländischen Schäferhund gibt es aber zwei weitere Allele, und zwar die rezessiven Allele (deshalb klein geschrieben) $\mathbf{k^{br}}$ und $\mathbf{k^y}$. Die Abkürzung br bedeutet „brindle“, also gestromt, die Abkürzung y steht für „yellow“, also gelb, was dann im Phänotyp entweder der klassischen Schäferhundzeichnung oder der gelben Zeichnung wie beim Malinois entspricht. Das wird wiederum bestimmt durch den A-Lokus und auch als Agouti-Färbung bezeichnet.

Ein Holländer, der dem Standard entsprechen soll, darf somit nicht das Allel $\mathbf{K^B}$ tragen, da er sonst einfarbig wäre. Bei den Allelen $\mathbf{k^{br}}$ und $\mathbf{k^y}$ ist wiederum **kbr** dominant gegenüber $\mathbf{k^y}$. Das bedeutet, dass ein gestromter Hund die Allelkombination $\mathbf{k^{br}/k^{br}}$ oder $\mathbf{k^{br}/k^y}$ tragen kann. Ein Holländer, der die Kombination $\mathbf{k^y/k^y}$ trägt, weist dagegen die Agouti-Färbung auf, was laut FCI-Standard nicht erwünscht ist.

a

b

Die drei Haarvarietäten der Holländers: a: Kurzhaar, b: Langhaar, c: Rauhaar

Ein Holländer mit der Kombination kbr/kbr ist somit reinerbig gestromt, ein Hund mit der Kombination kbr/ky ist mischerbig gestromt und Gelbträger. Beide Hunde wären vom Phänotyp her aber gestromt.

Paart man also zwei reinerbige gestromte Holländer miteinander oder einen reinerbig gestromten mit einem mischerbig gestromten Holländer, können nur gestromte Welpen fallen. Verpaart man aber zwei mischerbig gestromte Holländer, kann es durchaus vorkommen (nach dem mendelschen Gesetz mit einer Wahrscheinlichkeit von 25 Prozent), dass auch nicht gestromte Holländer mit der Agouti-Färbung fallen. Daher schreibt der Holländische Schäferhund Club Deutschland e. V. (HSCD) bei Zuchthunden einen „brindle-Test" vor, damit auch in Zukunft die erwünschte gestromte Färbung erhalten werden kann.

Zum Thema Fellfarbe gibt es auch noch andere Faktoren wie zum Beispiel die schwarze Maske, rötliches Fell oder den Verdünnungsfaktor (Aufhellung der Fellfarbe), die durch bestimmte Gene an verschiedenen Loci bestimmt werden. Eine detaillierte Beschreibung würde aber den Rahmen dieses Buches sprengen, sodass jeder, der sich dafür interessiert, auf weiterführende Literatur oder nähere Informationen im Internet verwiesen wird.

EXKURS IN DIE GENETIK

- ***Gen:*** *Träger der Erbanlagen/Erbinformationen.*
- ***Genotyp:*** *Gesamtheit der genetischen Information eines Lebewesens. Je nachdem, ob es sich um reinerbige oder mischerbige Individuen mit dominanten oder rezessiven Merkmalen handelt, kann der Genotyp durchaus vom Phänotyp abweichen.*
- ***Phänotyp:*** *Äußeres Erscheinungsbild.*
- ***Allelpaar:*** *Zwei Gene, die für ein bestimmtes Merkmal verantwortlich sind und jeweils von Vater und Mutter stammen.*
- ***Dominant:*** *Stärkeres Gen, welches das Erscheinungsbild bestimmt (Beispiel das Gen für „brindle“).*
- ***Rezessiv:*** *Schwächeres Gen, welches das Erscheinungsbild nur bestimmt, wenn es doppelt vorkommt (Beispiel das Gen für „yellow“).*
- ***Reinerbig (homozygot):*** *Zwei Gene (Allelpaar) enthalten dieselben genetischen Informationen, zum Beispiel reinerbig gestromte Holländer.*
- ***Mischerbig (heterozygot):*** *Zwei Gene (Allelpaar) enthalten unterschiedliche Informationen, zum Beispiel gestromte Holländer als Gelbträger.*

Die Sache mit dem Haarkleid

Von den drei verschiedenen Fellvarianten Kurzhaar, Langhaar und Rauhaar ist der Kurzhaar-Holländer mit Abstand am häufigsten anzutreffen. Einige wenige Züchter haben sich dafür entschieden, die rauhaarige Variante zu züchten, und am seltensten trifft man auf die langhaarigen Holländer.
Allerdings kann es immer wieder mal vorkommen, dass in einem Wurf eines Kurzhaar-Herdershond auch mal Welpen dabei sind, die etwas längeres Fell aufweisen. Das liegt dann daran, dass Kurzhaar gegenüber Langhaar dominant vererbt wird und somit von irgendwelchen Vorfahren durchaus auch mal das Gen für Langhaar von kurzhaarigen Hunden mit weitergegeben wird. Treffen dann zwei Holländer, die dieses Gen in sich tragen, zusammen, kann es schon mal vorkommen, dass einer der Welpen beide Gene für Langhaar trägt und sich daher das rezessive Merkmal – da reinerbig – im Phänotyp durchsetzen kann.

Anders verhält es sich beim Rauhaar. Das Gen für raues Haar ist bei Hunden immer dominant gegenüber dem Gen für Kurzhaar. Das heißt, wenn ein Herder kurzhaarig ist, muss er reinerbig das Gen für Kurzhaar tragen. Denn hätte er ein Gen für Kurzhaar und ein Gen für Rauhaar, würde sich das dominante Gen im Phänotyp durchsetzen und er wäre rauhaarig oder hätte zumindest verschiedene Körperpartien, die raues Fell aufweisen würden.

Rauhaar dominiert über Kurzhaar.

Welpen kommen mit der typischen gestromten Zeichnung auf die Welt.

Das Kurzhaar ist beim Herder am häufigsten anzutreffen.

Wie der Herder so ist

Grundsätzlich bin ich nicht der Typ Mensch, der zwei Hunde, die derselben Rasse angehören, gleich beurteilt. Jeder Hund hat seine eigene Persönlichkeit, seine eigenen Schwächen und Stärken, da jeder Hund ein eigenes Individuum ist. Zudem wird jeder Hund von seinem Leben geformt. Gerade beim Hollandse Herdershond findet man sehr unterschiedliche Wesensmerkmale. Trotz allem gibt es aber einige Züge an diesen Tieren, die man durchaus dieser Rasse zuschreiben kann – Eigenschaften, die aus einem Herder eben den Hund machen, der seinen Mann steht, der sich nach dem Turnier über seinen Pokal freut oder der seinem Menschen ein ergebener, treuer Freund ist.

Das Wesen des Herders

Herder besitzen eine natürliche Auffassungsgabe, die ihnen hilft, das zu lernen, was wir von ihnen wollen, und die Gabe, Situationen schnell und richtig einzuschätzen. Ein Herder möchte geführt werden. Er will jemanden haben, der ihm sagt, wo es lang geht, was er zu tun und zu lassen hat. Und je deutlicher der Menschenpartner das ihm verdeutlichen kann, desto eher wird sein Herder die von ihm erwarteten Aufgaben erfüllen.

Herder sind temperamentvolle, wachsame und lauffreudige Hunde. Das heißt, der Holländer liebt es zu laufen, zu springen und sich auch auszupowern, was aber nicht heißt, dass er nur auf dem Hundeplatz gefordert sein will. Als Begleiter beim Reiten, beim Radfahren, Skaten, Schwimmen, Wandern oder Skilanglauf dabei zu sein, also bei allem, was mit Sport und mit viel Bewegung zu tun hat, ist für den Herder das Richtige.

Wie es von ihm als Hütehund verlangt wurde, ist er schnell und ausdauernd. Sein Körper ist genau auf diese Dinge ausgerichtet – auch heute noch. Muskeln, Sehnen und Bänder sind für die Bewegung gemacht, die man diesem Hund unbedingt gestatten sollte. Ein Herder, der nur an der Leine geführt durch die Großstadt gehen darf, der sein Umfeld an der Leine und vielleicht sogar mit Beißkorb wahrnehmen muss und zudem noch dick gefüttert

Ein Herder ist aufmerksam und lernfreudig und will gefordert werden.

wird, ist mit Sicherheit bald nicht nur unterfordert, sondern sehr unglücklich. Die Folge ist dann, dass sich solche Hunde entweder selbst eine Beschäftigung suchen – meist nicht zur Freude des Besitzers – oder sich Verhaltensweisen angewöhnen, mit denen sie ihren Besitzern auf die Nerven gehen.

Ein Herder möchte in einer gewissen Weise seinem Besitzer dienen. Hundesportler in Österreich bezeichnen solche Hunde als „Hakler“: Tiere, die darauf warten und richtig danach lechzen, ein Kommando ausführen zu dürfen, und dabei nicht lange zögern. Ihr Wille, etwas für ihren Menschen zu „erledigen“ ist groß, weswegen sie ein hohes Maß an Spannung aufbauen können, wenn sie erkennen, dass etwas gefordert wird.

Dieser innere Drang, auch Trieb genannt, benutzen wir Menschen, um den Hund im Sport und im Dienst auszubilden. Als Polizeihunde sind Herder neben dem belgischen Malinois einfach unschlagbar. Sie verstehen nicht nur rasend schnell, sondern sind sofort gewillt, Gelerntes auch umzusetzen.

Herder sind auch imstande, ohne große Ausbildung ihr anvertrautes Territorium zu bewachen. Sie melden alles, was ihnen fremd oder suspekt vorkommt, und es kann sogar passieren, dass das Auto von einem Herder besser bewacht wird als von jeder Alarmanlage. Allerdings sind diese Hunde keine Kläffer, denn wenn sich ein Fremder, der sich genähert hat, auch wieder entfernt, dann beruhigt sich der Hund meist sofort. Generell melden sie laut und deutlich, aber nicht hirnlos.

Bei allem Temperament, Wachsamkeit und Ehrgeiz ist der Herder innerhalb seiner Familie ein loyaler, sehr anhänglicher Hund, der das Wort „treu“ neu erfunden hat. Er ergibt sich seiner Familie und ist jederzeit bereit, folgsam zu sein.

Der langhaarige Herder besitzt nicht ganz so viel Härte wie seine Vettern.

Unterschiede zwischen Kurz-, Lang- und Rauhaar

Wie dem Standard zu entnehmen ist, gibt es drei Haarvarietäten vom Holländischen Schäferhund: Kurzhaar, Langhaar und Rauhaar. Sowohl die langhaarigen als auch die rauhaarigen Holländer sind allerdings recht selten, selbst in ihrem Heimatland.

Im Großen und Ganzen stehen die langhaarigen Vertreter dieser Rasse ihren kurzhaarigen Kollegen um nichts nach. Sie sind genauso temperamentvoll, arbeitsfreudig und bereit, sich für ihren Besitzer aufzuopfern. Lediglich besitzen diese Hunde etwas mehr „Lieblichkeit" und haben nicht immer die Härte, die zum Beispiel für Dienst- oder Schutzhunde benötigt wird. Auch diesmal möchte ich nicht alle Hunde über einen Kamm scheren. Es mag bestimmt langhaarige Herder geben, die genug „Biss" haben, um im Sport vorne mit dabei zu sein, und es mag kurzhaarige Holländer geben, die eher dafür geeignet sind, um mit Ihnen auf der Couch zu kuscheln.

Die langhaarigen Herder sind meist etwas einfacher im Handling, leichter zu führen, manchmal auch leichter abrichtbar, da sie dem Konflikt „Muss ich oder muss ich nicht" aus dem Weg gehen. Ist man an einem Sporthund interessiert, will in den Schutzdienst einsteigen oder sucht einen würdevollen Begleiter, der imposant und drahtig genug ist, um als Leibwächter zu fungieren, sollte man sich dann doch vielleicht für den kurzhaarigen Herder entscheiden.

Der rauhaarige Herder ist die urigste Variante und hat starke Nerven.

Der rauhaarige Herder ist mit Sicherheit der urigste der drei Herderschläge. Viele glauben, dass die rauhaarige Variante jene ist, die am häufigsten an der Schafherde anzutreffen war und vielleicht auch noch immer ist.

Heute bezeichnen Züchter den rauhaarigen Herder als selbstbewusst, entschlossen und sehr selbstständig, was wohl auf seine Hütearbeit zurückzuführen ist. Dadurch sind solche Hunde nicht immer einfach. Durch ihre starke Persönlichkeit, ihr Auftreten und ihre Nervenstärke können schwache Hundeführer, die vielleicht einen vergleichbar „niedlichen" Hund haben wollen, schnell an ihre Grenzen stoßen. Doch auch hier möchte ich wieder dazu sagen, Ausnahmen bestätigen die Regel. Der rauhaarige Schlag ist, genauso wie der kurzhaarige, ein belastbarer, seinem Menschen ergebener Hund, von dem man nicht nur alles, sondern sogar etwas mehr haben kann, wenn man ihn richtig führt.

Verschiedene Persönlichkeiten

Im Laufe meiner Züchterlaufbahn ist mir immer wieder aufgefallen, dass in einem Wurf Hunde mit sehr unterschiedlichen Persönlichkeiten heranwachsen können. Nicht selten werden Herder geboren, die so gar nicht den Vorstellungen entsprechen.
Stets versucht man einen gesunden, ausgeglichenen, arbeitsfreudigen, leistungsbereiten und auch furchtlosen Hund zu züchten. Dennoch haben wir beobachtet, dass aus einer guten Hündin, die genau diese Eigenschaften besitzt, und einem starken Rüden, der noch die maskuline Persönlichkeit zum Wurf beisteuern sollte, nicht immer alle Welpen mit den Eigenschaften geboren werden, die man sich wünscht. In ein und demselben Wurf kann es Welpen geben, die eine umwerfende Persönlichkeit besitzen, sich selbstbewusst und mutig allem Neuen stellen und versprechen, einmal wesensfeste, typvolle Hunde zu werden, wie auch welche, denen es an Mut und Selbstbewusstsein doch etwas mangelt. Sie sind ein wenig schüchtern, besitzen nicht den „Biss" wie ihre Geschwister und werden nie die Härte an den Tag legen, die sich so mancher von einem Herder wünscht. Auf Anfragen bei befreundeten Züchtern wurde mir bestätigt, dass das nicht nur bei mir so ist.

Viele Herder sind schon als junge Hunde furchtlos und aufmerksam.

Herder mit starker Persönlichkeit

Manche Welpen zeigen schon im Alter von vier bis fünf Wochen ein starkes Selbstbewusstsein. Sie sind furchtlos nahezu gegenüber allem, verteidigen die Futterschüssel auf Gedeih und Verderb, balgen sich mit gleichstarken Welpen, nur um die Kraft, die sie haben, zu testen. Solche Hunde, die sich schon als Welpe sehr stark zeigen, werden meist ebenso starke erwachsene Hunde, die eine konsequente und geradlinige Führung benötigen. Meist sind solche Herder sehr hoch triebveranlagt. Diese Tiere eignen sich besonders gut für den Gebrauchshundesport und werden auch sehr gern von der Polizei und anderen Diensthundeführern übernommen.
Der Umgang mit solchen Hunden und deren Erziehung sind manchmal nicht ganz einfach. Sie sind nicht immer die verträglichsten Tiere und neigen auch dazu, ihren Besitzer herauszufordern. Sie eruieren strategisch, wie weit sie gehen können, und probieren es meist auch öfter aus. Haben sie damit Erfolg – und das in feiner Regelmäßigkeit –, kann sich das Zusammenleben mit so einem Herder als schwierig gestalten. Hat der Herder allerdings eine führende Hand, die ihm klar und deutlich sagt, wo seine Grenzen sind, und diese auch konsequent einhält, dann ist der Herder ein Hund, der seinen Menschen vergöttert.

Das Problem mit starken Hunden liegt darin, dass Hundebesitzer dem ach so niedlichen Welpen oft viel zu viel durchgehen lassen, sogar erschreckt vor ihm zurückweichen, wenn er die Futterschüssel verteidigt oder man ihm einen Knochen oder ein Spielzeug wegnehmen will. Grimmiges Knurren bis hin zum Zwicken begleitet dieses Zeichen von „Ich bin so cool“, was von Experten gern als Dominanz bezeichnet wird. Werden solche Hunde dann auch noch nicht mit konsequenter Hand großgezogen und verselbstständigen sie sich mangels Führung, kann aus dem Herder ein Hund werden, mit dem man später nichts mehr anfangen kann, weil er einem über den Kopf gewachsen ist.

Herder mit schwacher Persönlichkeit

Aber es gibt auch jene Herder, die ein eher schwaches Ego besitzen. Sie sind ständig den Provokationen der Wurfgeschwister ausgesetzt, stehen beim Fressen hinten an, lassen sich alles wegnehmen und zeigen deutlich, dass sie sich nie und nimmer gegen irgendetwas auflehnen würden. Es kann sogar sein, dass diese Hunde regelrecht ängstlich reagieren, wenn sich ihre Umgebung verändert. Sie sind zurückhaltend anderen Menschen gegenüber und begegnen allem mit Vorsicht und Respekt. Sie sind leicht einzuschüchtern und würden sich nie gegen irgendjemanden oder gegen irgendetwas stellen.

Ein Zusammenleben mit solchen Herdern kann entspannt funktionieren, solange der Hund sich nicht überängstlich zeigt. Wie bei vielen anderen Rassen auch gibt es immer mal wieder vereinzelt Welpen im Wurf, die sehr gern ihre Besitzer an die Front schicken, selbst wachsam abwarten, bis die Luft rein ist, und erst dann in Erscheinung treten, wenn der Weg geebnet worden ist.

Diese Hündin verbindet Sportlichkeit mit einem eher ruhigen Wesen.

Solche Hunde sind geeignet für Menschen, die weniger Führungsqualitäten besitzen und auch nicht wirklich erziehen wollen, die ruhig sind und einfach einen vierbeinigen Gesellschafter brauchen. Für die Polizei oder Hundesport wäre so ein Hund nicht geeignet.

Das Mitteldinq

Und dann gibt es jene, die von beidem etwas haben. Sie sind spritzig, aktiv und triebig genug, um im Sport und auch bei sonstigen Aktivitäten einen objektiv denkenden Hund darzustellen. Aber sie gehen auch gern in die Defensive, wenn sie die Situation nicht überblicken können und ernsthafte Gefahr drohen könnte. Sie sind kleine Spaßvögel, im Alltag angenehm, meistens verträglich und wunderbare Begleiter im Leben – ideal für alle, die einen Holländer als aktiven Familienhund möchten und mit ihm auch irgendeine Hundesportart ausüben wollen.

Alle drei Persönlichkeiten sind intelligent. Keiner ist wirklich dumm, nur jeder geht anders mit bestimmten Situationen um. Sie zeigen sich alle drei aktiv, lauffreudig, wachsam und lassen sich alle bei korrekter Führung auch ausbilden. Dennoch ist es so, dass ein Diensthundeführer unglücklich ist, wenn er einen Hund der zweiten Sorte erwischt, kann vielleicht noch mit der dritten Sorte umgehen, wäre aber für die erste Sorte dankbar.

Familien, die einfach einen Begleithund suchen, wären mit der ersten Variante hoffnungslos überfordert, da sie dem Hund meist nicht die Grenzen setzen können, die er benötigt. Irgendwann wird der Hund zu selbstständig oder sogar gefährlich, wodurch oft eine Abgabe erforderlich wird. Diese Menschen wären mit der dritten Variante bestens bedient. Diese Hunde überfordern die Familie nicht, sorgen aber trotzdem hin und wieder für Turbulenzen.

Kinder und ältere Menschen können hingegen gut mit der zweiten Variante umgehen, oft auch mit der dritten. Das Sensibelchen wird sich nie gegen Kinder oder ältere Menschen auflehnen, die dann oft das Bedürfnis haben, den Hund zu bemuttern. Allerdings ist die zweite Variante genau die Sorte Hund, die kein Züchter gern in seinem Wurf sieht.

Gehört ein Herder in den Zwinger?

Diese Frage wird mir immer wieder von Hundeführern, die sich einen guten Hund für den Sport wünschen, gestellt. Muss man einen Herder in den Zwinger stecken bzw. kann er im Haus nicht gehalten werden?
Ich fragte mich immer wieder, wieso es Ausbilder gibt, die ihren Schülern erklären, dass man einen Herder nicht im Haus halten kann, sondern nur im Zwinger. Wir haben auch Herder, zurzeit vier Stück, zwei Hündinnen und zwei Rüden, und alle leben sie sowohl im Haus als auch draußen. Wir hatten bis dato noch nie ein Problem mit einem Herder im Haus und schon gar keines draußen. Daher begann ich diese These zu hinterfragen.
Aus vielen Ecken wurde mir dann berichtet, einen Herder könne man nicht im Haus halten, weil er so aktiv ist, dass er keine Ruhe findet, und das nerven würde. Zudem würde er ständig die Autorität seiner Besitzer infrage stellen und gefährlich für Kinder sein.
Das sind Aussagen, die mich lange beschäftigten, denn sie kamen meist von Herderbesitzern bzw. Hundeführern, die einen oder mehrere Hunde hatten, also wohl Grund zu dieser Annahme hatten.
Aber wie kommt das zustande? Wieso gibt es Menschen, die behaupten, der Herder wäre zu gefährlich für die Kinder im Haus? Meine eigenen Herder sind weder im Haus unruhig noch stellen sie meine Autorität infrage und waren ausnahmslos immer freundlich und verspielt gegenüber meinen Kindern. Wäre es nicht so, müsste ich innerhalb meiner vier Wände Angst um meine Kids oder um meine Einrichtung haben. Dann hätte ich mir nie im Leben mehrere Herder zugelegt.
Meine Herder sind auch von unterschiedlichen Persönlichkeiten. Aber keinen könnte ich als schwach oder ängstlich bezeichnen, was die These widerlegt, ich hätte die schwächere Sorte Hund. Eingesetzt als Wachhund auf dem Hof rund um das Stallgebäude in der Nacht ist mein dominierender Herderrüde absolut kompromisslos und zeigt den Einsatz, den sich viele von ihrem Hund nur annähernd wünschen würden. Aber im Haus spüre ich diesen Hund ebenso wenig wie die anderen, wenn nicht hin und wieder ein laues Schnarchen durch die Luft segeln würde oder ich nicht ab und an den im Traum wimmernden oder japsenden Hund hören würde.
Ich beobachtete, dass solche Aussagen, Herder gehören in den Zwinger, gern von Ausbildern getroffen wurden, die selbst mehrere Hunde haben und für die die Zwingerhaltung das Normalste der Welt ist. Dass Hunde sich im Zwinger nicht immer benehmen wie ihm Haus, kommt daher, dass sich der Hund im Zwinger nicht benehmen muss, während ihm das im Haus sehr wohl abverlangt wird. Ein Hund, der an den Gitterstäben seines Zwingers hochspringt und bellt, wird akzeptiert. Springt der Hund im Haus die Wände hoch und bellt pausenlos, haben die Bewohner ein Problem.
Dazu kommt die Tatsache, dass sehr viele Hundesportler oder auch Ausbilder ihre Hunde nicht im Haus haben wollen und deshalb im Zwinger wohnen lassen. Da wird die Aussage „ein Herder gehört in den Zwinger“ sehr schnell getroffen.

Ein Holländischer Schäferhund gehört nicht in den Zwinger.

Zudem spielt die Ausbildung auch eine Rolle, warum ein Herder im Haus nerven kann. Ausbilder oder Hundesportler, die einen guten Herder heranziehen wollen, um ihn später im Sport zu führen, beginnen mit ihrer Grundarbeit meist sehr früh. Im Grunde ist dagegen auch nichts einzuwenden, dennoch übertreiben es viele und machen aus dem Hundekind einen Knecht, der mit sechs Monaten imstande ist, die Prüfung der BGH 3 zu absolvieren.
Der Ehrgeiz verleitet sehr viele Sportler dazu, mehr von ihrem Hund zu verlangen, als er eigentlich tun kann. Zeigt sich der Hund kooperativ und gut, vergisst man sehr gern, dass es sich bei dem jungen Hund vielleicht doch noch um ein Hundekind handelt. Man ist stolz, wenn der Hund mit acht Monaten schon am Helfer steht und einen festen Biss setzt.
Diese Hunde sind nicht selten derart überfordert, dass sie aus ihrem aufgebauten Stress nicht mehr herausfinden. Durch den Wunsch, alles recht zu machen, können sie nicht mehr mithalten und fangen an, im Haus die Familie zu nerven, weil sie ruhelos versuchen, ihrem Menschen zu dienen, der es wiederum versäumt hat, dem Hund zu zeigen, dass es bei der ganzen Arbeit auch so etwas wie faule Stunden oder Tage gibt, an denen man nichts zu tun hat.
Der gearbeitete Hund sieht im Haus nicht ein, warum Kinder so sein dürfen, wie sie sind, da seine eigene Kindheit bisher von Kommandos geprägt gewesen ist. Der Hund durfte sich nicht entwickeln, sich nicht entdecken und natürliche Grenzen nicht auskosten. Natürlich versucht er, die ihm antrainierte Autorität im Haus anderen Familienmitgliedern gegenüber zu probieren – meist mit Erfolg. Und das

führt zum nächsten Thema. Wenn der Herder von Klein auf ständig in Spannung und Trieb versetzt wird, lernt, gegen seinen Helfer zu kämpfen, und sieht, wie man als Gewinner aussteigt, wird er genau das auch zu Hause versuchen. Nachdem dieses Verhalten aber im Haus und innerhalb der Familie nicht erwünscht ist, kommt der Herder in den Zwinger.
Natürlich will ich das jetzt nicht verallgemeinern. Es gibt viele Ausbilder, die ihren jungen Hund auch mal einfach Hund sein lassen, ihm aber klar die Grenzen stecken und über das Spiel seine Triebe fördern, ohne ihn zu überfordern. Leider gibt es aber auch die andere Sorte und diese sind verantwortlich dafür, dass sich manche Menschen vor einem Herder fürchten müssen.

Ist ein Herder gefährlich?

Da der Holländische Schäferhund im Schweizer Kanton Tessin auf der Liste der potenziell gefährlichen Hunderassen steht und eine Bewilligung erforderlich ist, um sich so einen Hund halten zu dürfen, sollte man doch einen Gedanken an die Frage verschwenden, ob der Herder gefährlich ist.
Herder bringen von sich aus ein gutes Stück Eigenschärfe mit, sonst wäre eine Verwendung als Dienst- und Polizeihund, als Wachhund und selbst im Sport nicht wirklich möglich. Im Allgemeinen wollen Leute aus diesen Sparten einen Hund, der es versteht sich durchzusetzen und mit Macht und Wille alles auf eine

Ohne eine gewisse Eigenschärfe wäre der Holländer nicht so erfolgreich im Sport.

Karte setzt. Wer einmal KNPV-Sport miterlebt hat, weiß, dass es dort wirklich zur Sache geht. Zudem verwenden auch Spezialeinheiten, wie in Österreich die Cobra, unter anderem Holländische Schäferhunde, da diese Hunde die erforderliche Härte besitzen. Sie müssen für den Ernstfall nicht nur die körperliche Fähigkeit mitbringen, sondern auch den Mut und die Nervenstärke und zudem eine hohe Belastbarkeit.
Das sind Dinge, die einem zum Verhängnis werden können, wenn der auserkorene Herder als erwachsener Hund mehr Härte und Selbstsicherheit hat, als man wollte, und wenn man nicht die Führungsqualität mitbringt, die man benötigen würde.
Zudem sind so manche Herder anderen Hunden gegenüber nicht sehr verträglich und nehmen die Sache mit dem Schutz ihres eigenen Territoriums bzw. den Schutz ihres Menschen oder ihrer Familie allzu ernst. So ein Herder trägt eine fürchterliche Waffe im Gesicht, die, falsch eingesetzt oder unkontrollierbar frei geworden, Mensch und Tier schwer zum Verhängnis werden kann. Die Beißkraft, die dem Diensthund hilft, sich Respekt zu verschaffen, ist für den privaten Hundeführer manchmal ein Hindernis. Wenn so ein Herder dann seine Waffe gegen sein Umfeld oder auch gegen seine Familie einsetzt, kann das ernste Probleme nach sich ziehen. Genau aus diesem Grund muss ein Herder wirklich eine konsequente und gründliche Erziehung genießen.

Ein Herder braucht eine gründliche und konsequente Erziehung.

Sicherlich gibt es unter den kurzhaarigen und rauhaarigen Herdern auch sehr ruhige und verträgliche Tiere, so wie auch die meisten langhaarigen Herder eher zu den freundlicheren Hunden gehören. Aber man sollte eben nie vergessen, für was diese Rasse in den letzten Jahrzehnten gezüchtet worden ist. Deshalb ist die richtige Auswahl des passenden Herders für einen selbst und seine Bedürfnisse sehr wichtig. Allgemein muss man aber sagen, dass der Holländer für Anfänger, die überhaupt noch keine Erfahrung mit der Haltung und dem richtigen Umgang mit Hunden haben, nicht geeignet ist.

Im KNPV werden gezielt belastbare, triebige Hunde gezüchtet und nach deren Leistung selektiert. Hunde, welche die erste oder auch zweite Polizeihundeprüfung bestehen wollen, brauchen ein hartes Maß an Willen, Triebigkeit, Mut und Nerven.
Ob es immer richtig ist, nur die besten und triebstärksten Hunde miteinander zu verpaaren, wage ich manchmal zu bezweifeln, denn dadurch entstehen nicht selten Welpen, die von einem normalen Hundebesitzer mit den gängigen Methoden nicht mehr geführt werden können. Ich glaube nicht, dass das sinnvoll ist, denn sonst gäbe es in der Schweiz nicht diese Verordnung, dass Herder nur mit einer Bewilligung gehalten werden dürfen.

Der Herder – ein guter Familienhund?

Im Grunde ist auch ein Herder ein normaler Hund wie jeder andere. Wenn ich so meine Hunde beobachte, lieben sie es, draußen gemeinsam zu laufen, zu spielen, zu blödeln, mit den Pferden mitzurennen und bei sämtlichen Aktivitäten dabei zu sein; und genauso gern liegen sie herum und faulenzen.
Das Hauptaugenmerk unserer Ausbildung bezieht sich auf Alltagsituationen. Das kann ein Reh sein, das auf der Koppel steht und bei unserem Auftauchen die Flucht ergreift. Die Hunde dürfen nicht jagen. Oder ein ausgebüxtes Pferd, das mit fliegender Mähne in den Hof galoppiert. Pferde lässt man in Ruhe. Und da wären noch die Katze, die sich mit hoch erhobenem Schwanz nähert und nicht gefressen werden darf, oder auch die hauseigenen Hühner, die vor der Hundenase herumspazieren und sich nicht in Hühnerbraten verwandeln sollen. Katzen und Hühner gehören nicht zur Grundnahrung.
Jeder Hund muss in unserem Rudel seinen Namen kennen und sofort darauf reagieren. Somit ist gewährleistet, dass auch der Hund kommt, der gerufen worden ist. Unsere Hunde dürfen sich draußen bei einer Fläche von 4 Hektar nicht aus meiner Rufweite entfernen. Das funktioniert immer. Das Rudel muss sich auf Zuruf stoppen und ablegen lassen, und zwar ausnahmslos. Auch das klappt. Gehen wir dann zum Ausreiten und beschließen, zwei Hunde mitzunehmen, entfernen sich diese Hunde nicht vom Pferd. Diese Alltagssituationen haben wir täglich und unsere Hunde müssen zeigen, dass sie ihren Boss (in dem Fall ich) absolut respektieren, denn sonst wäre ein Zusammenleben nicht möglich.

Ein Herder ist immer zu einem Spiel bereit.

Wir erleben den Herder als intelligenten, lebhaften Hund, der sich eng seiner Familie anschließt und aus dieser nicht mehr wegzudenken ist. Er will überall dabei sein, liebt es, ewig lange Balli zu spielen oder um eine alte Jeans zu raufen. Unsere Hunde sind den Kindern hoffnungslos ergeben, lassen sich so ziemlich alles gefallen, doch die Kinder haben gelernt, ein Auge für die Zeichen eines Hundes zu haben. Zieht er sich zurück und will er nicht mehr spielen, bekommt er seine Ruhe, die er verlangt. Akzeptiert man, dass ein Herder erst mit gut zwei Jahren gereift ist und er nicht nur dazu da ist, als Arbeitsmaschine zu fungieren, was so einen Hund in Dauerstress versetzen kann, dann ist er das urtümlichste und schönste Wesen, dass man sich nur in sein Haus holen kann.

Haus mit Garten oder geht auch die Wohnung?

Immer wieder werde ich gefragt, ob man einen Herder auch in einer Wohnung halten kann. Geht das nun oder geht das nicht?
Grundsätzlich geht das schon, aber ... Herder gehören, egal ob Kurz-, Lang- oder Rauhaar, zur Kategorie der großen Hunde. Sollten Sie nun mitten in der Stadt wohnen, wo die nächste Grünfläche, die vom Hund betreten werden und wo er sich lösen darf, sehr weit weg ist, sollte man sich wirklich fragen, ob ein Herder der richtige Hund ist.

Selbst einem kleinen Hund würde ich solche Wohnverhältnisse nicht zumuten. Ist alles zubetoniert und zugepflastert, hat die Gesellschaft meist Probleme mit Hunden, insbesondere mit deren Lautäußerung und deren Hinterlassenschaften. Hat man zudem auch keine Gelegenheit, den Hund wirklich laufen zu lassen, dann ist das kein würdiges Leben für einen Herder, den es irgendwann nach Bewegung hungern wird. Zweimal in der Woche auf dem Hundeplatz zu erscheinen und den Hund zu arbeiten, reicht da nicht aus, denn neben der ganzen Kopfarbeit möchte sich ein Herder auch mal selbstständig und nach Lust und Laune bewegen können. Laufen liegt ihm im Blut. Und aus eigenem Egoismus sollte man ihm das nicht verwehren.

Will man mit seinem Hund spezielle „Hundezonen“ oder Parks aufsuchen, wo sich immer viele andere Hunde treffen, benötigt man einen verträglichen Hund. Ist er das nicht, hat das nichts mit Aggressivität, sondern eher mit Dominanzgehabe zu tun. Auch dieser Charakterzug muss bei der Auswahl und der Erziehung eines Herders berücksichtigt werden. Sicherlich kann man das mit der richtigen Sozialisation und einer entsprechenden Erziehung kontrollieren. Aber es wird immer Herder geben, die weniger verträglich sind als andere Vertreter dieser Rasse.

Aber auch wenn Ihr Herder gut verträglich ist und das Treffen mit anderen Hunden im Park kein Problem ist, ist es für ihn immer noch am schönsten, sich in der freien Natur auszutoben. Leben Sie in einer Wohnung im Randbezirk irgendeiner Stadt oder überhaupt mitten im Grünen, ist auch das Leben in der Wohnung kein Problem, da der Weg in die freie Natur kürzer ist.

Ein Haus mit Garten ist für einen Herder natürlich die optimale Lösung. Der Hund kann nach Herzenslust raus oder rein. Man sollte aber bedenken, dass der Garten nicht den Bewegungsdrang eines Herders befriedigen kann. Auch wenn der Garten noch so groß ist, Hunde – und Herder bilden da keine Ausnahme – laufen nicht gern allein rum. Als Rudeltiere suchen sie jemanden, der mit ihnen rennt, also ist auch hier die tägliche gemeinsame Aktivität wie zum Beispiel eine Radtour erforderlich.

Gemeinsam lässt es sich im Garten natürlich am besten toben.

Wie viel Beschäftigung braucht ein Herder?

Wie schon erwähnt, sind Herder aller Schläge bewegungshungrige Tiere. Aber wie viel Zeit braucht so ein Hund nun wirklich? Immer wieder werde ich gefragt, ob man ständig bei dem Hund zu Hause sein und ihn ununterbrochen beschäftigen und bewegen muss.

Dem Hund würde es sicher gefallen, doch in der Realität ist das unmöglich. Jeder Mensch muss arbeiten, um Geld zu verdienen. Auch wenn man vielleicht zu Hause ist und sich seine Zeit selbst einteilen kann, hat man Arbeit. Es gibt Haushalt, Kinder, Einkäufe, Arztbesuche, und, und, und. Man hat nicht ständig Zeit für den Hund. Das ist auch nicht nötig. Denn Hunde sollten durchaus lernen, auch mehrere Stunden allein bleiben zu können.

Beginnt man von Anfang an damit, seinen Herder auch mal allein zu lassen, ist das später überhaupt kein Thema mehr. Wir benutzen dazu spezielle Sätze, die dem Hund erklären, dass er heute nicht mitkommen kann. Da ist es egal, ob Sie sagen „Schön warten, Mama kommt bald wieder“, so wie wir das tun, oder „Wir gehen in die Stadt“ oder was auch immer. Hauptsache ist, dass es ein bestimmter Satz ist, mit dem der Hund verbindet, dass er nun allein bleiben muss. Hören unsere Hunde diese Worte, wissen sie, dass sie nicht mitgehen dürfen, legen sich auf ihre Decken, grunzen, schauen etwas traurig und das war's. Sie verschlafen die Zeit des Alleinseins, schummeln sich vielleicht mal auf die Couch, aber mehr passiert nicht.

Uns ist aber klar, dass nach diesen Ruhezeiten auch wieder Programm angesagt ist. Lange Spaziergänge inklusive Apportierspiele und vielleicht etwas Kopfarbeit sind das Richtige für einen Herder, genauso wie Mitlaufen am Fahrrad. Als Reitbe-

Im Sommer ist eine Abkühlung im Bach genau das Richtige.

gleithunde sind sie – gut geführt – einsame Klasse. Dass man diese Unternehmungen nicht täglich macht, ist klar. Es gibt Regentage, an denen Ihr Herder vielleicht nur rausschaut und beschließt, drinnen zu bleiben. Und es gibt richtiges Sauwetter, an dem man noch nicht mal einen Floh vor die Haustür schickt. Aber so manchem Herder machen Regen und Matsch nichts aus. Und sie kommen wieder, die Schönwettertage, die man für sich und den Hund nutzen sollte.

Wir beobachten, dass unsere Hunde im Frühjahr und im Herbst am aktivsten sind. Bei extremer Sommerhitze lieben sie es, durch den Bach neben unserem Grundstück zu plantschen und darin zu spielen, aber für lange Märsche sind sie nicht zu überreden. Und bei extremer Kälte kann auch einem Herder kalt werden. Der Holländische Schäferhund, auch der kurzhaarige, hat zwar Unterwolle, bei Extremtemperaturen von -15 bis -20 °C hält sie den Hund aber nicht warm, zumindest nicht, wenn er sich nicht bewegt. Langstockhaarige Herder haben der Kälte etwas mehr entgegenzusetzen. Ihr Fell ist dicker und dichter. Rauhaarige Herder haben manchmal Fell von unterschiedlicher Dichte. Manchen wird kalt, manchen auch wieder nicht.

Wie viel Zeit Sie Ihrem Herder widmen möchten, liegt bei Ihnen. Sie sollten sich nur im Klaren sein, Ihr Herder ist ein lauffreudiger Hund, der sich gern bewegt.

Man sollte ihm diese Möglichkeit auch geben und ihn nicht dazu zwingen, sein Leben vorwiegend in einem Zwinger und auf einem Hundeplatz zu verbringen.

Unsere Hunde ziehen im Winter ein warmes Plätzchen im Haus dem kalten und nassen Gelände draußen vor. Und dabei verbringen sie oft viele Stunden mit Schlafen. Sobald es wärmer wird, fordert der Herder auch wieder mehr Bewegung ein.

Rüde oder Hündin?

Wollen Sie lieber ein Mädchen oder doch einen Burschen? Was ist besser? Was arbeitet besser, was ist leichter zu erziehen und auszubilden? Sind Mädels wirklich anhänglicher als Jungs?
Ob Sie lieber einen Rüden oder eine Hündin haben wollen, liegt an Ihrer eigenen Persönlichkeit. Sie tendieren vielleicht zu einem Rüden, weil Sie das maskuline Wesen eines Hundemannes mögen, oder Sie wollen einer Hündin Ihr Herz schenken, weil Sie das feminine Erscheinungsbild einfach hinreißend finden.
Selbstbewusste Rüden sind nicht immer verträglich und stellen ganz gern die Autorität ihres Besitzers in Frage. Sie können kleine „Weiberhelden“ sein, was sich oft auch nicht legt, wenn ein Rüde kastriert wird. Sie benehmen sich manchmal auch rüpelhaft. Je kleiner das Selbstbewusstsein des Rüden allerdings ist, desto weniger männlich ist er. Man sagt, Rüden seien schwerer zu erziehen als Hündinnen, diese dagegen anhänglicher und leichtführiger.

Generell kommt es darauf an, für was man sich einen Herder zulegen möchte. Die meisten Hundeführer, die wirklich aktiv am Sport- und Turniergeschehen teilnehmen wollen, entscheiden sich eher für einen Rüden. Rüden sehen massiger, breiter und auch muskulöser aus und setzen ihre Kraft und Mächtigkeit natürlich auch ein, was im Schutzdienst immer gut ankommt und auch gewünscht ist. Zudem sind sie immer einsetzbar. Es gibt keine Läufigkeit, auch keine Hormonschwankungen, auf die man aufzupassen hätte und die einen Turnierstart beeinträchtigen könnten. Zudem bringen Rüden sehr oft mehr Härte mit.

Im KNPV werden zu einem hohen Anteil Rüden für die PH 1 und die PH 2 ausgebildet, da ein Rüde öfter zum Deckakt kommt als eine Hündin zu einem Wurf. Zudem sind Hündinnen durch Läufigkeit, Trächtigkeit und Welpenaufzucht nur eingeschränkt im Sport oder Dienst einsetzbar, wenn mit ihnen gezüchtet wird.

Hündinnen sind meist etwas kleiner, leichter und mädchenhafter. Will man mit einer Hündin in das Turniergeschehen, in den Dienst oder in den Sport, ist man gezwungen, sich nach ihrem Zyklus zu richten. Entscheidet man sich, die Hündin zu kastrieren, wird nicht selten ihr Ehrgeiz dadurch in Mitleidenschaft gezogen. Kastrierte Hündinnen können bequem werden und haben dann nicht mehr die Einsatzbereitschaft, die sie vorher hatten. Kastriert man Hündinnen zu früh (es wird immer mal wieder empfohlen, Hündinnen vor der ersten Läufigkeit kastrieren zu lassen), geht das meist auf Kosten ihres Erwachsenwerdens. Zu früh kastrierte Hündinnen bleiben in ihrer Art kindlicher, was sich später im Dienst und auch im Sport auswirkt. So nervend Hormone und Hormonschwankungen auch sein können, sie haben trotzdem ihren Sinn.

Rüden sind in der Regel etwas kräftiger und größer als Hündinnen.

Manche Menschen entscheiden sich auch für eine Hündin, da sie nicht markieren würde, so die allgemeine Meinung. Ganz so stimmt das nicht. Der Rüde macht dies offensichtlich. Er hebt sein Bein und pinkelt Büsche, Mauern und Gegenstände an, was man aber durchaus einschränken kann. Doch auch Hündinnen markieren, lediglich dezenter. Auch sie setzen ihre Duftspuren ab. Das ist dann zu sehen, wenn sich die Hündin niederhockt, aber beim Pinkeln trotzdem leicht ihr Bein hebt.

Bei der Polizei sind zu einem überwiegenden Teil Rüden im Einsatz. Nahezu alle Zugriffshunde sind Rüden, während im Bereich der Suche (Drogen, Zigaretten, Brandmittel usw.) auch gern Hündinnen verwendet werden.
Suchen Sie einen Herder für die Familie und als Begleiter fürs Leben, ist es manchmal ganz ratsam, sich für eine Hündin zu entscheiden, da diese in der Tat meist etwas leichtführiger ist. Haben Sie den richtigen Züchter gefunden, dann ist es ihm durchaus möglich, für Sie auch einen Rüden aus dem Wurf auszusuchen, der ein sanfteres Wesen besitzt und nicht mit der vollen Härte ausgestattet ist, die ein Herder haben kann.
Denn sowohl Sie auch als auch der Züchter haben nichts davon, wenn Sie als Hundekäufer unglücklich sind. Reden Sie auf jeden Fall mit Ihrem Züchter, für welchen Bereich Sie einen Herder haben wollen. Er wird Ihnen sicher helfen können.

Einige Hunde der Autorin wie dieser Rüde werden bei der Polizei in Österreich eingesetzt.

An dieser Stelle sei noch mal erwähnt, dass der langstockhaarige Herder generell zu den weicheren Hunden gehört als der kurzhaarige oder der rauhaarige. Es ist aber auch eine Frage des Geschmacks, ob man lieber das längere Fell oder doch das kurze oder raue Haarkleid haben möchte.

Ein Herder – der perfekte Diensthund

Es gibt viele Bereiche im menschlichen Dasein, in denen wir die Sinne eines Hundes brauchen und er uns bei unserem Tun unterstützt. Was wäre ein Jäger ohne seinen Stöberhund, seinen Vorstehhund, seinen Apportierhund oder seinen Bauhund? Was wäre ein Blinder ohne seinen Blindenführhund, der Musher ohne seine Schlittenhunde oder der Hirte ohne seine Hütehunde? Fast jede Hunderasse hatte irgendwann im Laufe ihrer Geschichte eine ganz bestimmte Aufgabe. Nicht immer werden diese Hunde aber noch für diese Arbeit verwendet.
Der Herder war ursprünglich ein Hütehund. Obwohl immer wieder behauptet wird, dass er sich nach wie vor für das Hüten eignet, konnte ich bei meinen Herdern nie irgendwelche Hüteeigenschaften erkennen. Während ein Border Collie,

der Hütehund schlechthin, schon als Welpe fixiert und kreist, wird ein Herder ein anderes Tier vermutlich anbellen, zu ihm hinspringen und sich freuen, wenn dasjenige Tier entsetzt davonhüpft. Hierzu später mehr auf Seite 67ff.. Die Stärken eines Herders liegen ganz woanders. Durch seine hohe Triebigkeit, seinen Mut und den Willen, seinem Herrn zu dienen, lässt er sich gut in jenen Bereichen ausbilden, die eine gute Nase und enorme Einsatzbereitschaft voraussetzen.

Die Bereitschaft zu dienen und für seinen Menschen durchs Feuer zu gehen macht den Herder beliebt. Und im Bereich des Dienstes am Menschen kann er beachtliche Leistungen vollbringen.

Bei der Polizei in Österreich sind neben dem belgischen Malinois hauptsächlich Herder zu finden. Man liebt deren schnelle Auffassungsgabe, ihre Größe, ihre Härte, die sie zeigen, wenn sie gebraucht werden, die Schnelligkeit und ihre flinke Arbeitsbereitschaft wie auch die Tatsache, dass ein Herder nahezu bei jedem Wetter eingesetzt werden kann. Ist man allerdings auf der Suche nach dem langhaarigen bzw. dem rauhaarigen Herder, wird man nicht fündig werden. Die Zuchtstätten für den rauhaarigen oder den langhaarigen Schlag sind dünn gesät. Im Dienst findet sich lediglich der kurzhaarige Schlag, was der Polizei insofern zugute kommt, da die Pflege der Hunde nicht sehr aufwendig ist.
Doch auch in anderen Bereichen des Dienstes findet man den Herder häufig, etwa im Personenschutz, bei privaten Sicherheitsfirmen, als Rettungshund und in allen Bereichen, in denen eine gute Nase gebraucht wird, wie zum Beispiel bei der Suche von Drogen, Sprengstoff oder Leichen.
Der etwas ruhigere langhaarige Schlag eignet sich dafür eher in Bereichen, in denen sich der Hund viel anfassen lassen muss, wie zum Beispiel im Therapiebereich, als Blindenführhund oder Behindertenbegleithund. Nachdem aber langhaarige genauso wie rauhaarige Herder ziemlich selten sind, fehlt die einschlägige Erfahrung.

Der Herder und Kinder

Da der Herder nicht unbedingt zu den kleinen, auch nicht zu den mittelgroßen, sondern schon zu den großen Hunden zählt, wird man sich fragen, ob das Team Herder und Kind funktionieren kann.
Oft höre ich von Interessenten, die sich auf Hundesportplätzen umgehört haben, immer wieder dieselbe Nachricht. Der Wortlaut könnte etwa so sein: „Was, du willst dir einen Herder zulegen? Na, hast du dir das gut überlegt? Der Hund braucht unbedingt Arbeit, der braucht drei, vier Stunden Hundeplatz am Tag und mindestens zwei bis drei Stunden Auslauf. Willst du dir das wirklich antun? Und dann die Kinder. Denk an die Kinder. Die können nie richtig mit dem Hund spielen."

So oder so ähnlich dringen die Worte immer wieder an mein Ohr. Für viele Hundehalter scheint der Herder erst dann befriedigt zu sein, wenn man jeden Tag viele Stunden mit ihm arbeitet und ihn dann sicherheitshalber von den Kindern weggeschlossen hat.

Auch das Kuscheln gehört zum gemeinsamen Spielen.

Nun, um mal ehrlich zu sein. Ich habe drei Kinder und ich habe vier Herder, davon lebt keiner im Zwinger, wird nicht weggeschlossen und befindet sich auch nicht vier Stunden am Tag auf dem Hundeplatz. Meine Herder sind aktiv, wenn sie es sein sollen, und schnarchende Faulpelze, wenn nichts los ist. Die Kinder können stundenlang mit ihnen Ball spielen oder Zerrübungen veranstalten, was jedoch schnell zum Scheitern verurteilt ist, weil ein Hund, der zerrt, einfach mehr Ausdauer und Kraft hat als ein Kind. Ich würde weder Aggression noch Respektlosigkeit gegenüber meinen Kindern dulden und bis dato hatten wir noch nie ein Problem. Auch unser Leitrüde liebt es nicht nur, mit den Kindern zu kuscheln, sondern spielt mit ihnen ebenso, wie er es duldet, gebürstet zu werden, und wird auch nicht aggressiv, wenn sie ihn ärgern, was zuweilen vorkommt. Entweder lässt er sich nicht ärgern und verzieht sich oder er dreht den Spieß um und ärgert dann die Kinder.

Generell muss man aber sagen, dass Herder schon allein wegen ihrer Größe kein Kinderspielzeug sind und sich von Kindern, gerade von sehr kleinen Kindern, nicht alles gefallen lassen müssen. Auch wenn Ihr Herder ein „Kinderhund“ sein soll, ist es nicht sein Los, sich am Schwanz ziehen, die Wäscheklammern auf die Ohren klippen und die Augen auspopeln zu lassen. Herder können einen sehr langen Geduldsfaden haben. Das heißt aber nicht, dass der ewig hält. Deshalb sollte es Erwachsene geben, die ihren Verstand benutzen und daran denken, dass sich ihr Herder, wenn er sich Respekt verschaffen will, nur dem bedienen kann, was er am Körper trägt.

Bringen Sie Ihren Kindern einen respektvollen Umgang mit Ihrem Herder bei. Schon oft konnten wir Kinder beobachten, die ihren Frust durch Streit in der Familie, mit den Geschwistern oder den Eltern dann an dem scheinbar hilflosen Hund ausließen. Bedenken Sie bitte, ein Herder ist nicht hilflos.

Seien Sie sich im Klaren darüber, dass kleinere Kinder unter dem Rang eines erwachsenen Herders stehen. Das gilt für alle anderen Hunde auch. Erst ab einem gewissen Alter können Kinder sozusagen eine Führungsposition gegenüber einem Hund einnehmen. Das heißt, ein zehnjähriges Kind steht in der Rangordnung unter einem dreijährigen Herder. Leute, die behaupten, das Kind müsse sich durchsetzen und dem Hund zeigen, dass es der Boss ist, begehen unserer Meinung nach einen großen Fehler. Das wäre ungefähr so, als würde ich einen Junghund dazu erziehen oder abrichten, über einem Alttier zu stehen. Irgendwann wird es dem Alttier zu dumm und der Junghund bekommt eins auf die Mütze. Was für den Junghund aber eine normale Zurechtweisung ist, ist für das Kind ein „Unfall mit dem eigenen Hund". Wenn Sie feststellen, dass Ihr Herder vom Rang her über dem Kind steht, dann akzeptieren Sie das. Das heißt nicht, dass der Herder für das Kind zur Gefahr wird, ganz im Gegenteil, wenn man in gewissen Situationen respektiert, dass das Kind in der Rangordnung unter dem Hund steht, dann passiert weniger, als wenn es genötigt wird, über dem Herder stehen zu sollen.

So können sich zum Beispiel unsere Kinder ungehindert zwischen den Hunden bewegen, wenn diese fressen. Würde sich aber eines der Kinder einem Hund während des Fressens zu sehr nähern und gar versuchen, ihm das Futter wegzunehmen, käme ein Knurren als Drohung: „Das gehört mir, nimm mir das nicht weg. Nimmst du es mir weg, zeige ich dir, dass ich das nicht will."

Im Vergleich: Würde sich ein Welpe dem Alttier nähern und versuchen, das Futter zu stehlen, käme dieselbe Drohung, ein Knurren mit derselben Botschaft. Es gibt Welpen, die versuchen es trotzdem, die bekommen eine Abfuhr. Man sagt, so lernt der Welpe den Großen zu respektieren. Bekommt das Kind eine Abreibung, heißt es, der Hund ist böse.

Kinder, die mit Tieren groß werden und lernen, ihnen Respekt entgegenzubringen, erkennen diese tierischen Botschaften und reagieren richtig. Es sind meist die Erwachsenen, die dieses an sich natürlich Verhalten als schlecht bezeichnen und es zu ändern versuchen.

Ich bin gegenüber meinen Leithunden ranghöher, weswegen es mir auch gestattet ist, den Hunden alles wegzunehmen. Ich würde meinen Kindern niemals befehlen, dem Hund einen Kochen wegzunehmen, den er gerade frisst. Um das zu erreichen, sage ich dem Hund, er soll den Knochen ausspucken, und rufe ihn zu mir, sodass das Kind gefahrlos den Knochen nehmen kann. Dann ist das alles kein Thema mehr.

Natürlich gibt es auch Herder, die keine so große Persönlichkeit haben und sich Kindern unterordnen. Das ist aber nicht unbedingt der Regelfall.

Der Herder im Sport und bei der Arbeit

Nachdem nicht jeder Besitzer eines Holländischen Schäferhundes automatisch ein Diensthundeführer ist, sieht man den Herder natürlich auch häufig bei verschiedenen Hundesportarten, wobei es einige gibt, die ihm quasi auf den Leib geschneidert sind.
Und dann gibt es ja noch die weniger „harten“ Herder, die an anderen Hundesportarten, bei denen es nicht unbedingt um Härte, Kraft oder gar Schärfe geht, sehr viel Spaß haben und recht erfolgreich sind.

Der KNPV-Sport

Zunächst soll hier der KNPV-Sport kurz erwähnt werden, der zwar nicht jedermanns Sache ist, der aber aus dem KNPV-Herder das gemacht hat, was er heute ist.
Im KNPV-Sport gibt es zwei Prüfungsstufen: die PH 1 (Polizeihund 1) und PH 2 (Polizeihund 2). Das sind die Hauptprüfungen, die man ablegen kann.
Bei diesen Prüfungen gibt es eine Unterordnung, wie man sie auch bei uns aus dem Gebrauchshundesport kennt.
Hier einige Beispiele:

Bei solchen Übungen auf dem Hundeplatz ist der Herder in seinem Element.

- Der Hund zeigt ein Ablegen von etwa zehn Minuten, während der Hundeführer außer Sichtweite ist. In der Zeit versucht ein Fremder, den Hund mit Würstchen zu füttern. Der Hund muss das Futter verweigern und den Fremden wütend verbellen, darf aber seinen Platz nicht verlassen.
- Gezeigt wird auch eine Fußarbeit, bei der der Hund von der linken Fußseite auf die rechte und dann wieder auf die linke wechselt. Auch vom Fahrrad aus wird „Bei-Fuß-Gehen“ gezeigt.
- Der Hund muss in einem Bereich von wenigen Quadratmetern einen kleinen Gegenstand suchen, wie zum Beispiel einen kleinen Schlüssel, diesen aufnehmen und dem Hundeführer bringen. Je schneller der Hund seinen Gegenstand findet und bringt, umso besser.
- Auch Sprünge über ein Hindernis, zum Beispiel eine Steilwand, werden gezeigt.

Was bei Meisterschaften aber die Herzen der Zuschauer erfreut, ist der Schutzdienst. Gearbeitet wird am Vollschutzanzug. Der Hund beißt ins Bein, in den Ärmel, in die Armbeuge oder auch in den Rücken. Nachgestellt werden Szenen, wie sie auch im Alltag vorkommen können.
Gearbeitet wird über weite Strecken. Der Hund zeigt einen Angriff auf eine fliehende Person, einen Angriff auf eine Person, die sich mit einem Stock verteidigt, vereitelt eine Flucht per Fahrrad sowie die Flucht von zwei verdächtigen Personen. Doch der Hund zeigt auch, sich während eines Angriffes abrufen zu lassen oder den „Täter“, der auch „Figurant“ genannt wird, nicht anzugreifen, sondern nur zu verbellen. Bewacht und transportiert wird immer von hinten. Versucht der Figurant zu fliehen, darf dies der Hund selbstständig vereiteln.

Weder in Deutschland noch in Österreich sind solche Sportarten möglich. Schon der gesamte Schutzhundesport, bei welchem dem Hund ein ganz bestimmter Handlungsablauf antrainiert wird, steht immer wieder zur Diskussion. Auch ist in den Niederlanden der Einsatz von Teletaktgeräten erlaubt, bei uns in Österreich gänzlich verboten. Zudem ist es oft nicht mit dem Tierschutz zu vereinbaren, wenn an dem Hund zu viel Härte oder Druck ausgeübt wird, was aber bei den Anforderungen des KNPV-Sportes nicht ganz wegzudenken ist.

Wichtig ist, dass der Hund auf das erste Kommando reagiert. Auf „Lass los“ hat der Hund spätestens beim „los“ auch wirklich loszulassen. Beim Transport eines Figuranten, den der Hund von hinten bewacht, wird auch ein Gegenstand vom „Täter“ weggeworfen, den der Hund sofort aufnehmen und seinem Führer bringen muss. Das kann ein Schraubenschlüssel oder ein Hammer sein.
Der KNPV-Sport ist sehr hart und aufwendig. Hier wird dem Hund ein hohes Maß an Können abverlangt. Beschrieben habe ich hier nur einen kleinen Auszug von dem, was der Hund zu zeigen hat. Wer sich dafür interessiert, kann sich eine einschlägige DVD über den KNPV-Sport besorgen.

Gebrauchshundesport

Bei uns gibt es die Prüfungen ÖPO 1 bis ÖPO 3 (Österreichische Prüfungsordnung), in Deutschland wurde aus der ehemaligen VPG (Vielseitigkeitsprüfung für Gebrauchshunde) die IPO (Internationale Prüfungsordnung) jeweils in den Stufen 1 bis 3. Diese Prüfungen beinhalten eine je nach Prüfungsstufe schwere oder weniger schwere Fährte, die Unterordnung und den Schutzdienst.
Immer wieder hört man jedoch, dass genau dieser Schutzdienst die Hunde „scharf“ macht und sie darauf trainiert werden, einen Menschen anzufallen und zu beißen. Diese Einstellung hält sich hartnäckig gerade bei den Leuten, die sich mit Gebrauchshundesport noch nicht näher befasst haben. Kein Hund, auch nicht der Herder, muss das Beißen erlernen. Das können Hunde von Geburt an. Jeder Hund weiß, wie man zubeißt. Er lernt aber, wann er wie und mit welcher Tech-

nik zubeißen darf. Dabei bedient man sich im modernen Gebrauchshundesport des Beutetriebs. Es geht also darum, eine Beute zu fangen, praktisch zu erbeuten, zu halten und sie stolz davonzutragen. Dies wird von vielen Hundebesitzern unbewusst trainiert, ohne dass es ihnen jemals klar wird. Das Spielzeug (Beute) wird geworfen, der Hund erbeutet das Spielzeug, rauft vielleicht sogar mit seinem Besitzer ein wenig darum, indem er das Spielzeug nicht loslässt, weil er ja „zugebissen“ hat, und trägt es dann stolz davon, da der Besitzer die Lust verloren hat, gegen die Kraft des Hundes anzukämpfen.

Beim Schutzdienst wird mit dem Beutetrieb gearbeitet, sodass der Hund den Ärmel als Beute ansieht.

Nun, viel anders ist der Schutzdienst auch nicht. Der Hund hat hierbei eben kein Spielzeug, sondern den Hetzärmel. Denn darf er erbeuten, halten und schließlich wird er ihm überlassen, damit er ihn stolz davontragen kann. Das hat nichts mit Schärfe zu tun, auch nicht mit dem befohlenen Angriff auf Menschen, denn in erster Linie geht es dem Hund um den heiß ersehnten Ärmel. Der Mensch dahinter ist dem Hund eigentlich egal.

Und so ganz nebenbei wird beim Schutzdienst auch ein gewisser Gehorsam verlangt. Der Hund darf sich nicht hirnlos seinen Ärmel holen, sondern hat Aufgaben wie Stellen und Verbellen, Bewachen und auch Transportieren (Begleiten) des Figuranten wie auch sofortiges Ablassen zu zeigen. Als Scharfmachen kann man das wirklich nicht bezeichnen. Für den Herder ist diese Arbeit eine wundervolle Möglichkeit, die kleinen grauen Zellen zu aktivieren und aufgestaute Aggressionen abzubauen. Der Hund fühlt sich gefordert und ist nach getaner Arbeit müde, aber glücklich.

Das Stellen und Verbellen ist einer der Aufgaben im Schutzdienst.

Mondioring

Mondioring ist eine Sportart, die zwar noch nicht so weit verbreitet ist, aber sowohl in Österreich, in der Schweiz und mittlerweile auch in Deutschland und anderen europäischen Ländern Fans gefunden hat. Mondioring ist dem Gebrauchshundesport ähnlich. Dem Hund wird aber etwas mehr Selbstständigkeit abverlangt. Der Hund muss absolut führig und wachsam sein, um den hohen Anforderungen gerecht zu werden. Mondioring wird immer in einem individuellen Parcours gezeigt, der sich von einem Turnier zum nächsten stark unterscheiden kann. Hierzu gehört auch die Unterordnung, bei der zwar grundlegende Dinge immer gleich sind, aber die Art und Weise, wie sie gezeigt werden, sehr unterschiedlich sein können.

Es heißt zum Beispiel „Ablegen unter Ablenkung“. Ablegen ist klar. Der Hund wird auf einen Platz gelegt, der Hundeführer entfernt sich. Was sich der Helfer allerdings einfallen lässt, um den Hund zum Aufstehen zu bewegen, wissen weder der Hundeführer noch der Hund. Der Hund darf lediglich nicht berührt werden. Der Helfer wird versuchen ihn zu füttern oder mit einem Ball vor seiner Nase herumzuspielen, in die Hände zu klatschen, Kommandos zu rufen oder Reizwörter zu benutzen. Dem Einfallsreichtum sind hier keine Grenzen gesetzt.

Dieser Weitsprung gehört zu den Übungen im Mondioring.

Auch beim anderen Teil der Unterordnung kann sich die Ausführung von Turnier zu Turnier stark unterscheiden. So weiß der Hundeführer nie, wie die Leinenführigkeit getestet wird, was der Hund zu bringen hat oder in welcher Reihenfolge Kommandos wie „Sitz", „Platz" und „Steh" gezeigt werden müssen. Auch beim Positionieren kennt der Hundeführer die Reihenfolge nicht. Positionieren heißt, der Hund wird auf einem bestimmten Platz abgelegt oder gesetzt und hat dann auf Anweisung des Helfers die Position von „Sitz" auf „Platz", dann vielleicht auf „Steh" und wieder auf „Sitz" zu verändern. Handzeichen sind hierbei nicht erlaubt.

Auch im Schutzdienst selbst wird mehr Selbstständigkeit verlangt. Meist beißen die Hunde beim Vollschutzanzug ins Bein. Der Hund muss absolut gehorsam sein, sofort ablassen und auch den Figuranten verlassen, sollte es gefordert sein. Oft wird bei dieser Prüfung auch die Futterverweigerung eingebaut, ist aber nicht Pflicht, oder es wird ein „Spiel" gespielt. Der Hundeführer wird beispielsweise von einem Helfer „belästigt", sogar berührt, selbst in einer Gruppe von Zivilisten. Der Hund darf aber erst angreifen, wenn der Helfer den Hundeführer mit beiden Händen anfasst. Diese „Spiele" sind auch von Turnier zu Turnier anders ausgerichtet, lediglich innerhalb des Turniers sind sie gleich.

Mondioringhunde arbeiten im Allgemeinen sehr ruhig und leise, da sich viele Hundeführer angewöhnt haben, leise zu sprechen. Solche Sportarten sind dem Herder auf den Leib geschneidert. Um sich ein genaues Bild vom Mondioring machen zu können, sollte man sich bei den entsprechenden Vereinen erkundigen oder mal eine Veranstaltung besuchen, da immer noch einige Fehlinformationen diese Sportart in ein schlechtes Licht rücken.

Begleithundprüfung

Wie schon weiter oben erwähnt, muss ein Herder auf alle Fälle einen guten Grundgehorsam haben. Neben den normalen täglichen Übungseinheiten im Alltag ist hierbei ein Kurs in einem Hundeverein sehr hilfreich, bei dem man später auch die Begleithundprüfung ablegen kann. Das ist ohnehin sehr sinnvoll, wenn man die Ambitionen hat, mit seinem Herder irgendeine Sportart zu betreiben oder eine spezielle Ausbildung zu absolvieren. Denn hierfür ist in der Regel eine bestandene Begleithundprüfung Grundvoraussetzung.

Für die Begleithundprüfung muss der Hund einen bestimmten Ablauf von Übungen auf dem Hundeplatz zeigen. Hierzu zählen Leinenführigkeit und Freifolge, mit und ohne Ablenkung, Sitz- und Platzübungen sowie Ablegen unter Ablenkung.
Wenn dieser Übungsteil bestanden ist, erfolgt anschließend noch eine Prüfung im Straßenverkehr, wobei auch die Reaktion auf andere Personen, Autos, Radfahrer, Jogger, andere Hunde usw. getestet wird. Nähere Informationen dazu finden Sie im Internet oder beim Hundeverein in Ihrer Nähe.

Rettungshundearbeit

Diese Langhaar-Holländer arbeiten für eine Rettungshundestaffel in den Niederlanden.

Der Holländische Schäferhund besitzt mehrere Eigenschaften, die Voraussetzungen für einen guten Rettungshund sind: Er hat eine enge Bindung zu seinem Menschen und lässt sich gut über den Beutetrieb ausbilden. Er ist groß und muskulös genug, um den körperlichen Strapazen standzuhalten. Außerdem ist er arbeitsfreudig und lernwillig, hat ein gutes Durchhaltevermögen und eine gewisse Härte, die vor allem im Ernstfall erforderlich ist.

Rettungshundearbeit ist mehr als ein Sport. Als Rettungshundeführer muss einem immer klar sein, dass die gesamte Ausbildung einen ernsten Hintergrund hat und das Rettungshundeteam oft die letzte Chance für eine verschwundene Person darstellen. Nur wer sich dessen bewusst und deshalb auch bereit ist, Kompromisse zu machen, ist in der Rettungshundearbeit richtig aufgehoben.

Bei der Rettungshundeausbildung muss der Hund eine Reihe von Prüfungen und Tests absolvieren. Zu Beginn vor der eigentlichen Ausbildung ist ein Eignungstest erforderlich. Hierbei werden überprüft Verhalten gegenüber Fremdpersonen, Verhalten gegenüber verschiedenen Umweltreizen, Verhalten bei Feuer und Rauch, Verträglichkeit mit anderen Hunden, Gerätearbeit und Verweistest.

Bei keiner der Übungen des Eignungstests darf der Hund ein zu ängstliches oder aggressives Verhalten an den Tag legen. Zeigt er dieses, hat er den Eignungstest nicht bestanden.
Hat er den Eignungstest bestanden, kann mit der Ausbildung begonnen werden, die meist mehrere Jahre dauert und regelmäßige und häufige Präsenz von Hund und Hundeführer erfordert. Am häufigsten werden Rettungshunde für die Flächensuche eingesetzt. Spezieller und auch wesentlich seltener erforderlich sind Hunde für die Trümmersuche, Lawinensuche, Wassersuche und Wasserrettung.

Zur Rettungshundearbeit zählt auch das Mantrailing, das sich in letzter Zeit immer größerer Beliebtheit erfreut und auch häufig nur als sinnvolle Beschäftigung des Hundes angewendet wird, ohne dass die Hunde eine offizielle Prüfung ablegen und somit auch nicht in einem Ernstfall eingesetzt werden können.

Fährtenarbeit

Wer nicht ganz so hoch hinaus will, für den reicht vielleicht auch etwas Fährtenarbeit aus. Bei der Fährte wird je nach Schwierigkeitsgrad eine Eigenfährte (Fährte vom Hundebesitzer) oder eine Fremdfährte (Fährte von einer Fremdperson) gelegt, die dann vom Hund ausgearbeitet werden muss. Der Hund muss die für ihn nicht sichtbare, aber riechbare Fährte verfolgen. Je nach Schwierigkeitsgrad werden dann auch Winkel ausgearbeitet und Gegenstände angezeigt (Verweisen), indem sich der Hund hinsetzt, -stellt oder -legt. Je sauberer und sicherer der Hund seine Fährte ausarbeitet, desto besser.

Fährtenarbeit ist für die ruhigeren Herder ideal geeignet.

Agility

Eher etwas für Herder mit weniger Härte, aber dennoch enormem Bewegungsdrang und dem Wunsch, zusammen mit seinem Menschen eine spannende Abwechslung in den Alltag zu bringen, ist Agility. Guter Gehorsam, eine enge Bindung zum Menschen, eine schnelle Auffassungsgabe, Geschicklichkeit und natürlich auch eine gewisse Schnelligkeit und körperliche Fitness sind Voraussetzungen für diese rasante Hundesportart, die beim Publikum für große Begeisterung sorgt. Zahlreiche regionale, nationale und internationale Wettkämpfe werden hierfür regelmäßig ausgetragen.

Beim Agility gibt es drei verschiedenen Größenklassen, wobei der Hollandse Herdershond natürlich in der Klasse der großen Hunderassen (Large ab 43 cm Widerristhöhe) antritt. Dass diese Sportart durchaus auch etwas für den Holländer ist, beweist der Erfolg der Hündin, die auf dem Titel dieses Buches abgebildet ist: Sie holte im Jahr 2011 zusammen mit ihrer Hundeführerin den Titel „dhv Deutsche Meisterin im Agility“.

Auch der rasante Sport Agility ist etwas für den Holländischen Schäferhund.

Die deutsche Meisterin von 2011 beim Agility-Training.

Obedience

Obedience ist eine noch relativ neue Sportart, die aber immer mehr Freunde und Anhänger findet, welche sich auch auf Turnieren miteinander messen. Obedience stammt ursprünglich aus England und bedeutet nichts anderes als „Gehorsam". Man sagt zu Obedience auch, es wäre die „Hohe Schule" der Unterordnung. Erst Ende der 1990er-Jahre etablierte sich diese Sportart auch bei uns. Heute gibt es eine klare Prüfungsordnung und wie beim Agility werden zahlreiche Wettkämpfe angeboten. Auch in dieser Disziplin haben schon so einige Herder hervorragende Ergebnisse erzielt.

Diese Sportart unterscheidet sich deshalb von der normalen Unterordnung, da man erst innerhalb der Prüfung vom Ringsteward (Wettkampfleiter) erfährt, wie die einzelnen Übungen auszuführen sind. Vor den verschiedenen Übungen werden zunächst das Verhalten gegenüber anderen Hunden, das Stehen und Betasten sowie das Gebisszeigen geprüft. Dann gibt es die Bereiche Leinenführigkeit und Freifolge, verschiedene Steh-, Sitz- und Platzübungen, Heranrufen, Voraussenden, Apportieren auf ebener Erde und über eine Hürde, Identifizieren und Kontrolle auf Distanz, die je nach Schwierigkeitsgrad in verschiedenen Vari-

Der Herder ist befähigt, hohe Leistungen zu vollbringen. Er liebt es zu arbeiten, mit seinem Hundeführer ein Team zu bilden und seine Intelligenz auf den Prüfstand zu stellen. Ein gut gearbeiteter Herder, der in Harmonie mit seinem Hundeführer eine Prüfung, egal welcher Sportart, absolviert, ist eine wahre Augenweide und man merkt, mit welche Enthusiasmus der Herder bei der Sache ist.

anten abgerufen werden. Auch diese Sportart ist in verschiedene Stufen unterteilt. Im VDH (FCI) gibt es vier verschiedene Klassen: die Beginnerklasse und die Klassen 1 bis 3. In der Schweiz gibt es die Stufen Beginners sowie Obedience 1 bis 3 und in Österreich wird unterteilt in GH (Gehorsam) 1 bis 3. Das Besondere am Obedience ist nicht die Schnelligkeit, sondern das korrekte Durchführen der einzelnen Übungen. Hierfür sind eine sehr enge Bindung und absoluter Gehorsam erforderlich. Ein Herder, der eher dazu neigt, selbstständig zu arbeiten und Entscheidungen zu treffen, ist daher weniger dafür geeignet.

Das Bringen des Metallapportels gehört zum höchsten Schwierigkeitsgrad beim Obedience.

Sportarten ohne Prüfungshintergrund

Jetzt gibt es Leute, die sagen, ich will eigentlich gar keinen Sport machen, bei dem ich Prüfungen absolvieren muss oder an Turnieren teilnehmen kann. Ist mein Herder unterfordert, wenn ich ihm das nicht biete?
Einen Herder zu haben bedeutet nicht zwangsläufig, ständig auf dem Hundeplatz zu sein und sich auf Prüfungen vorzubereiten. Es gibt genug Sportarten, die man ausüben kann, ohne sich auf dem Hundeplatz wiederzufinden.

Der Herder als Reitbegleithund

Viele Hundebesitzer haben Pferde – oder anders herum, viele Pferdebesitzer haben Hunde. Wir haben nicht selten Menschen bei uns, die sich neben ihrem Pferd einen lauffreudigen Schäferhund wünschen, der bei Ausritten mit dabei sein kann.
Herder lieben Pferde. Pferde bedeuten Bewegung, Bewegung bedeutet Aktion und Aktion bedeutet Spaß für den Herder. Unsere Herder sind immer voller Vorfreude, wenn sie merken, dass sie heute beim Ausreiten mit dabei sein dürfen. Lange Galoppstrecken sind für sie ebenso wenig ein Problem wie schnelle Sprints. Problemlos halten sie jedes Tempo eines Pferdes mit. Um sich aber nicht unbeliebt zu machen, sollten Sie folgende Dinge beachten, wenn Sie Ihren Herder mit auf den Ausritt nehmen wollen. Ihr Herder darf auf gar keinen Fall jagen und er muss vom Pferd aus kontrollierbar sein. Nichts ist schlimmer als ein vor sich hin stürmender Herder, der die Kommandos seines Besitzers, der gerade auf dem Pferderücken verweilt, nicht annimmt. Aber häufig glauben Hunde immer wieder: „Wenn der auf dem Pferd sitzt, kann ich machen, was ich will." Auch

Egal was Sie machen, denken Sie bitte immer daran, dass Ihr Herder einen guten Grundgehorsam braucht, um nicht negativ aufzufallen. Der Herder ist ein Schäferhund, er ist groß und er ist dunkel. Das ist Grund genug für viele Menschen, sich vor ihm zu fürchten. Aber man muss dieser Angst nicht auch noch Nahrung geben.

unsere Hunde unterliefen diesem Irrtum. Wir trainierten vom Pferd aus erst auf dem Reitplatz, dann auf der Straße, bis das „Bei-Fuß-Gehen" beim Pferd auch klappte. Wir brachten ihnen bei, sich vom Pferd aus anleinen zu lassen, an der Leine neben dem Pferd zu gehen und sich auf Distanz ablegen zu lassen. Auch das Abrufen wurde verschärft trainiert, da ich mich mit den Jägern nicht anlegen, aber auf meine Ausritte auch nicht verzichten wollte. Heute winkt mir der Jäger bei der Wildfütterung munter zu, da er weiß, dass ich mich ruhig verhalte, meine Hunde nicht jagen, sofort abrufbar sind und sich nicht besonders weit vom Pferd wegbewegen.

Begleiter bei menschlichen Sportaktivitäten

Nichts ist dem anhänglichen Herder lieber, als dabei zu sein. Wir kennen sehr viele Herderbesitzer, die sich gern an der frischen Luft aufhalten und sich für Sportarten entschieden haben, bei denen sie ihr Hund begleiten kann. Radfahren gehört genauso dazu wie Wandern. Wir kennen sogar eine Familie, die ihren Herder im Winter vor den Schlitten spannen und ihn als Zughund benutzen. Dabei haben alle ihren Spaß. Und Schnee, Kinder und Hunde ist mit Sicherheit eine Kombination, die alle müde werden lässt.

Auch im Winter ist der Holländer ein idealer Begleiter.

Auch bei Wintersportarten gibt es die Möglichkeit, seinen Hund mit einzubinden. Es gibt bestimmte Langlaufloipen, die für Hunde freigegeben sind. Und auch beim Tourengehen kann der Herder mit dabei sein. Denn mit seinen langen Beinen und seiner Kraft kann er sich gut auch im Tiefschnee fortbewegen.

Ein Herder soll es sein

Sie sind von der Rasse so sehr angetan, dass Sie vorhaben, sich einen Herderwelpen zu suchen? Aber was für einen Herder brauchen Sie jetzt, aus welcher Zucht, aus welcher Linie soll er sein?
In diesem Zusammenhang möchte ich nicht Partei ergreifen für die eine oder andere Zuchtlinie oder für diesen oder jenen Club, der sich mit der Zucht des Holländers befasst. Wie schon eingangs erwähnt, gibt es Züchter, die nach den FCI-Richtlinien züchten, und solche, die eher nach Leistung und weniger nach dem Aussehen züchten. Was Sie von Ihrem Herder erwarten und welcher für Sie der richtige ist, müssen Sie selbst entscheiden. Suchen Sie sich aber auf alle Fälle einen seriösen Züchter.

Der richtige Züchter

Wichtig dabei ist, einen Züchter zu suchen, der die Tiere genau kennt und der schon die Welpen nach ihrem Wesen und ihrer Persönlichkeit richtig einschätzen kann. Auch wir mussten bereits für die Polizei die richtigen Hunde aussuchen, wissen um deren Kriterien und haben bisher immer mit Erfolg den passenden Hund ausgewählt, der unserer Meinung nach die stärkste Persönlichkeit hatte.

Der Züchter muss seriös sein und viele Kenntnisse über die Hunderasse haben. Er muss genau wissen, was er tut, um Sie bestmöglich beraten zu können – auch am Telefon oder via Mail, denn nicht jeder Züchter wohnt gleich um die Ecke.

Im Idealfall können Sie jedoch den Züchter besuchen, vielleicht auch schon bevor die Welpen geboren wurden, um sich so von der Hündin ein genaues Bild machen zu können. Nicht immer ist auch der Vater der Welpen zu sehen, aber genaue Informationen und auch Bilder von dem Deckrüden sollte Ihnen der Züchter auf alle Fälle vorlegen können. Übrigens ist es auch gut, wenn der Züchter Sie auf Herz und Nieren prüft, um festzustellen, ob Sie geeignet sind für einen Hund aus seiner Zucht. Und seien Sie ihm nicht böse, wenn er meint, dass Hunde aus seiner Linie eher nicht für Sie geeignet sind.

Wer kann dem schon widerstehen? Trotzdem sollte die Wahl genau überlegt sein.

MIT ODER OHNE AHNENTAFEL?

X-Herder oder KNPV-Herder haben meist keine Ahnentafel, da die Daten dieser Hunde vom KNPV zwar gespeichert werden (siehe unter www.bloedlijnen.nl), es aber keine separaten Ahnentafeln gibt. Welche Vorsorgeuntersuchungen oder andere Voraussetzungen für die Zucht dort genau erfüllt werden müssen, kann von Verein zu Verein variieren. Ein FCI-Herder muss immer eine Ahnentafel besitzen und wird nach klaren Richtlinien gezüchtet.

Wie geht der Züchter mit seinen Hunden um? Besteht eine Bindung zu den Hunden und sind die Alttiere zutraulich und zugänglich? Sollte das nicht der Fall sein, suchen Sie sich einen anderen Züchter.
Informieren Sie sich, was das Hauptziel seiner Zucht ist. Will er Diensthunde hervorbringen und versucht er, harte Hunde zu züchten, die nur für den Sport und den Dienst geeignet sein sollen? Dann ist es nicht unbedingt der richtige Züchter, wenn Sie einen Familienhund haben wollen.
Gibt der Züchter an, Familienhunde zu haben, und ist eher darauf spezialisiert, gute Begleithunde zu züchten, dann werden Sie vielleicht nicht glücklich werden, wenn Sie einen Hund für den Gebrauchshundesport suchen.

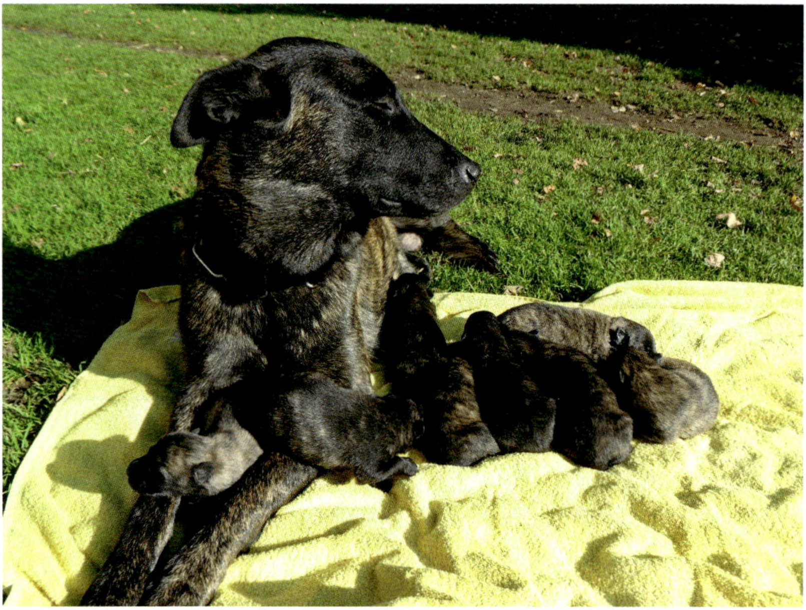

Eine entspannte Hündin mit gesunden Welpen – so soll es sein.

Wichtig ist ein ausführliches Gespräch, denn jeder Züchter von Sport- und Diensthunden hat auch Hunde mit einer weniger starken Persönlichkeit, das sogenannte Mittelding, in seinem Wurf. Und jeder Züchter von Familienhunden wird auch mal einen Hund mit sehr starker Persönlichkeit in seinem Wurf finden. Erfahrene Züchter wissen das und können schon im Vorfeld den richtigen Hund auswählen.

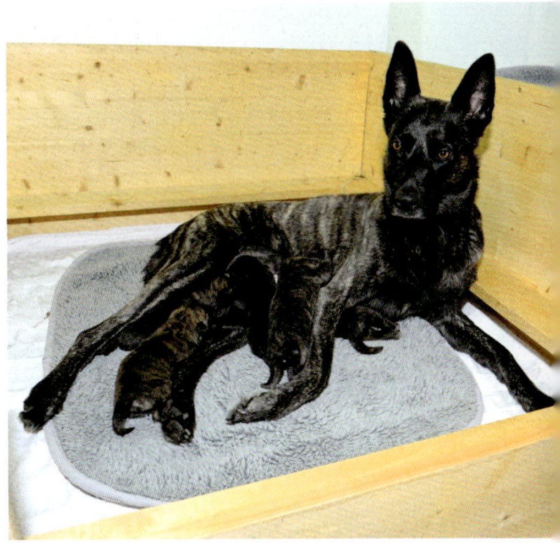

Eine saubere Wurfkiste ist auch ein Zeichen für einen seriösen Züchter.

Der von Ihnen gewählte Züchter sollte eine eigene Homepage haben. An der können Sie ablesen, wie er die Zucht betreibt, und Sie können sich anhand der Fotos und Beschreibungen genauer informieren. Sie sehen die Mutterhündin und den Vaterrüden, vielleicht auch die Welpen. Und achten Sie darauf, wie das Umfeld der Zucht aussieht. Es heißt nicht, dass Elterntiere, die gute Prüfungen abgelegt haben, auch immens starke Welpen hervorbringen. Überlegen Sie, ob Sie einen Herder mit oder ohne Papieren haben wollen.

FCI-Herder werden mit einer Ahnentafel abgeben, aus der hervorgeht, wie der Hund gezogen wurde. Man kann sich in der Regel darauf verlassen, dass bestimmte Vorsorgeuntersuchungen gemacht worden sind und der Hund garantiert dem Typ entspricht, den der Rassestandard vorgibt. Entsprechende Unterlagen kann Ihnen der Züchter vorlegen. Mehr dazu finden sie auf S. 86.

Die richtige Welpenauswahl

- Kaufen Sie keinen Herder bei einem Züchter, der offensichtlich keine Erfahrung mit dieser Rasse hat.
- Kaufen Sie keinen Welpen, der nicht geimpft und gechippt worden ist. In Deutschland und in den Niederlanden gibt es nur eine bedingte Chipflicht, weswegen nicht immer alle Welpen markiert werden. Allerdings sollte diese Art von Markierung zu einem Welpen schon dazu gehören. Auf Ausstellungen und Turnieren sowie auch beim Ausstellen eines EU-Heimtierausweises, der erforderlich ist, wenn man mit seinem Hund ins Ausland verreisen möchte, ist die Identifizierung durch einen Mikrochip Pflicht.
- Kaufen Sie nie einen Welpen, dessen Herkunft nicht einwandfrei geklärt ist.
- Wollen Sie einen Herder aus Ostblockstaaten kaufen, dann nur mit FCI-Papieren und nur dann, wenn der Züchter eine Homepage hat, auf der Sie sich über ihn informieren können. Hat er nichts, dann lassen Sie besser die Finger von solchen Hunden.

Ein junger Herder muss aktiv und neugierig sein.

- Kaufen Sie keinen Welpen aus einer Zuchtstätte, die schmutzig ist.
- Ist Ihnen der Züchter unsympathisch, dann lassen Sie es.
- Kann der Züchter die Mutterhündin zeigen, vielleicht auch den Vaterrüden? In jedem Fall ist das ein Pluspunkt für den Züchter.
- Sind die Welpen eines Züchters frech und dreist, springen herum, beißen ihnen in die Zehe oder ziehen am Hosenbein, dann haben Sie eine gute Aufzucht genossen.
- Kaufen Sie keinen Welpen aus falsch verstandenem Mitleid.
- Kaufen Sie keinen Welpen, der krank ausschaut. Welpen sind aufgeregt, lustig, aktiv und neugierig. Ein kranker Welpe wird sich zurückziehen.
- Kaufen Sie keinen Welpen bei einem Züchter, der den Eindruck erweckt, seine Welpen nur im Zwinger zu halten.
- Haben Sie den Eindruck, dass die Alttiere, die der Züchter hat, nur selten den Zwinger verlassen dürfen, dann überlegen Sie sich den Kauf gut. Es ist ein Unterschied, ob sie einen Welpen aus einem Rudel oder einen Welpen aus einem Zwinger kaufen.

Der Herder zieht ein

Es ist so weit. Sie haben Ihren Welpen nach Hause geholt. Vielleicht war er im Auto unruhig und es wurde ihm sogar schlecht, vielleicht hat er aber auch nur geschlafen. Jedenfalls wird er jetzt neugierig seine Umgebung erkunden.

Haben Sie alles für Ihr neues Familienmitglied besorgt?
Sie brauchen für den Anfang nicht besonders viel. Ihr Welpe benötigt:

- einen Platz zum Schlafen
- einen Futterplatz
- Spielzeug
- etwas zum Kauen
- Futter
- Halsband und Leine
- eventuell eine Hundebox für das Auto

Überlegen Sie, wo Ihr Hund in der Nacht schlafen soll. Denken Sie daran, dass Ihr Hund noch nicht stubenrein ist und in der Nacht vielleicht hinaus muss. Wie andere Welpen auch wird Ihr Welpe sich eher den Teppich auswählen, um darauf zu pinkeln, als die Fliesen, ganz einfach aus dem Grund, weil er sich die Pfoten nicht schmutzig machen will.
Die Idee liegt nahe, dem kleinen Hund eine Zeitung anzubieten oder ein Handtuch. Allerdings sind die Pfützen eines Herderwelpen schon recht groß, weswegen die Zeitung vielleicht nicht ausreicht.
Und sollte der Welpe in der Nacht auf die Idee kommen, die Zeitung zu zerrupfen, wird sie auch nichts bringen. Herder sind schlaue Tiere. Wenn Sie abends nochmal spät hinausgehen und frühmorgens gleich aufspringen, könnten Sie Glück haben und Ihr Hund hat durchgehalten. Auf alle Fälle sollten Sie in den ersten Wochen mit dem Welpen nach draußen gehen, nachdem er geschlafen, gespielt oder gefressen hat und manchmal noch zwischendurch, damit er sich lösen kann. Durch ein begeistertes Lob mit immer demselben Wortlaut wird er bald merken, dass er es richtig gemacht hat, und sich später auch quasi auf Kommando lösen, wenn es mal schnell gehen muss.

Was wird den Welpen wohl in seinem neuen Zuhause erwarten?

Herder werden in der Regel sehr schnell sauber, weil sie relativ fix verstehen, dass das Geschäft von nun an draußen zu passieren hat. Sind die Welpen beim Züchter schon draußen gewesen bzw. hatten sie regelmäßig Zugang in den Garten oder in ein Außengehege, könnte Ihr Welpe schon fast stubenrein sein, da er von sich aus gelernt hat, nach draußen zu gehen. Zwingerhunde brauchen etwas länger, aber auch sie lernen es relativ schnell.

Soll Ihr Hund von Anfang an lernen allein zu bleiben, dann bieten Sie ihm einen Raum an, der aufwischbar ist und den Sie verschließen können. Damit er sich nicht so allein fühlt, geben Sie ihm ein Spielzeug mit und lassen vielleicht das Radio leise laufen. Hat der Welpe erst mal begriffen, dass er in der Nacht in seinem „Zimmer" bleiben muss, ist auch das spätere Alleinsein kein Thema mehr. Manche Hundebesitzer bedienen sich auch in der Nacht der Hundebox. Welpen beschmutzen das Nest, in dem sie schlafen, nicht gern, weswegen sich der Hund bemerkbar machen wird, wenn er in der Nacht hinaus muss. Steht die Box in Ihrer Nähe, werden Sie das sofort merken und können mit Ihrem Welpen hinausgehen.

In der ersten Zeit sollten Sie auch in der Familie klären, was Ihr Herder darf und was er nicht darf. Herder wachsen schnell, körperlich wie auch geistig. Stellt man nicht von Anfang an klar, dass die Couch den zweibeinigen Familienmitgliedern vorbehalten ist, Kinderspielzeug nicht zerkaut werden darf, Teppichecken oder Stuhlbeine nicht zum Zernagen sind, hat man später ein Problem. Will man nicht, dass der Hund bei Tisch bettelt, dann sollte man ihm gar nicht erst zeigen, dass es da etwas zu fressen gibt.

Es gibt eine Grundregel, die sollte man vielleicht beherzigen: Alles, was Ihr Hund tut, was Sie nicht wollen, gehört unterbunden. Ich finde es immer wieder bemerkenswert zu sehen, was sich Menschen von ihren Herdern so alles gefallen lassen, das massive Ausmaße annehmen kann, wenn der Hund erwachsen ist. Die Besitzer erkennen zu spät, dass es vielleicht besser gewesen wäre, von Anfang mit dem Hund zu klären, was erlaubt und was verboten ist.

Es gibt keine Regel, was Sie ihm zu verbieten haben. Das müssen Sie selbst entscheiden. Der eine will vielleicht, dass der Hund draußen bellt, wenn sich jemand nähert, und unterbindet das nicht, während ein anderer einen empfindlichen Nachbarn hat und dem Herder verständlich machen muss, dass er nicht zu viel bellen darf. Bei dem einen darf sich der Herder an der Gartengestaltung beteiligen und den Teich als Schwimmbad benutzen, bei dem anderen eben nicht. Gehen Sie mit Verstand an die Sache. Woher soll der Herder wissen, dass das, was er tut, unter schlechtes Benehmen fällt, wenn es ihm keiner sagt?

Das ABC der Hundeernährung

Vermutlich haben Sie von Ihrem Züchter etwas Futter mitbekommen, welches Sie nun weiterhin Ihrem Hund geben sollen. Wahrscheinlich ist es ein Sack mit Trockenfutter, das in eine Schüssel geschüttet wird und alles enthalten soll, was der Hund braucht.
Finden Sie aber nicht, dass es langweilig ist, jeden Tag die gleichen Pellets zu fressen? Was haben unsere Hunde gefressen, bevor es dieses Futter gab? Sind wir nicht ein wenig verwöhnt und bequem geworden? Sicher ist es einfach, unserem Hund sein Trockenfutter in einer Schüssel zu servieren und es ihm hinzustellen. Es ist sauber, riecht angenehm, ist schnell gefüttert, macht keinen Aufwand – und ist für den Hund stinklangweilig.
Natürlich gibt es genug Hundehalter, die nur eine einzige Sorte Trockenfutter füttern und das jeden Tag. Sie sind zufrieden damit und auch ihren Hunden geht es gut. Dennoch möchte ich hier aber auch das „Barfen“ kurz ansprechen. Unter BARF versteht man das Füttern selbst zusammengestellter Mahlzeiten aus rohem Fleisch, Knochen und Gemüse, man geht sozusagen zurück zu dem, was der Wolf gefressen hat.
Dass es für das Barfen ebenso Kritiker wie Befürworter gibt, ist klar. Die einen sagen, beim Barfen kann es schnell zu Mangelerscheinungen kommen, da das Beutetier des Wolfes vielleicht doch etwas anders ausgesehen haben mag, als das, was wir dem Hund in seiner Schüssel servieren. Die andere sagen, es ist eine naturgerechte Ernährung.

Weiße Zähne und ein kräftiges Gebiss dank der richtigen Ernährung.

AUJESZKY'SCHE KRANKHEIT

Bei der Sache mit der Rohfütterung kommt auch immer wieder das Schweinefleisch ins Gespräch zusammenhängend mit der Aujeszky'schen Krankheit, auch Pseudowut genannt. Diese Krankheit wird vom Aujeszky-Virus hervorgerufen und ist eine anzeigenpflichtige Tierseuche. Der Hauptwirt dieser Krankheit ist hauptsächlich das Schwein. Bei nahezu allen Säugetieren verläuft diese Krankheit tödlich, Primaten und Menschen ausgenommen. Nachdem die Ansteckungsgefahr von Schweinen untereinander groß ist und der Betrieb herbe Verluste durch hohe Ferkelsterblichkeiten und geringe Gewichtszunahme von Mastschweinen erleidet, wird diese Krankheit staatlich bekämpft. Es passiert aber immer wieder, dass sich Hunde mit dem Virus infizieren und sterben. Deutschland und Österreich gelten seit Jahren als AK-frei. Allerdings tritt dieses Krankheit immer wieder mal bei Wildschweinen auf. Daher sollten Teile von Wildschweinen auf keinen Fall roh an Hunde verfüttert werden. Die Bestände der Hausschweine werden bei uns zwar regelmäßig kontrolliert. Um aber ganz sicherzugehen, sollte man auch das Fleisch von Hausschweinen vor dem Verfüttern kochen, da dadurch der Erreger abgetötet wird und keine Ansteckung erfolgen kann.

Ich bin zur Überzeugung gekommen, dass eine gute Mischung aus beiden Dingen dem Hund die Abwechslung bietet, die er braucht, und der Verdauungstrakt somit doch an viele Dinge gewöhnt ist, sodass es nicht so schlimm ist, wenn der Herder vielleicht etwas frisst, was nicht so für ihn bestimmt gewesen ist.

Unsere Hunde fressen neben ihrem Trockenfutter rohes Fleisch wie Pansen, Euter, Schlund und was sonst noch an Abfällen in Schlachtbetrieben anfällt. Dazu erhalten sie alles, was von unserem Essen übrig geblieben ist (Reis, Kartoffel, Gemüse, Obst). Herder sind große Hunde mit großen Zähnen. Und diese Zähne wollen hin und wieder auch einen Knochen zerkleinern. Nebenbei klauen sie den Pferden das Kraftfutter, was mit Leidenschaft gefressen wird, sie bedienen sich am Misthaufen, mopsen Karotten, Äpfel und auch hartes Brot. Und ausnahmslos alle Hunde sind gesund.

Wir haben keine Durchfälle, keine Verstopfungen, keine Allergien. Die Zähne unserer Hunde sind weiß und kräftig, Zahnstein gibt es nicht. Somit glaube ich, dass diese Art zu füttern nicht so verkehrt sein kann. Und unsere Hunde freuen sich auf jede Fütterung, da in dem Topf etwas Spannendes drin sein könnte.

Es gibt sehr unterschiedliche Meinungen zu dem Thema, wie oft ein Hund am Tag gefüttert werden sollte. Die einen schwören auf eine Fütterung einmal am Tag, die anderen teilen das Futter auf zwei Portionen am Tag auf – Hauptsache, die Menge stimmt. Ein Zuviel des Guten schlägt sich bei beiden Methoden auf die Hüften nieder und nachdem ein Herder ein eher schlanker Hund ist, wird jedes Gramm zu viel sofort sichtbar, was den Hund erst mollig und später plump erscheinen lässt. Füttert man sehr viele Leckerli im Training oder auch sonst zwischendurch, kann man auf die zweite Mahlzeit am Tag verzichten.

Nach der Mahlzeit kommt erst mal eine Ruhephase.

Auch das Verfüttern von Knochen ist häufig umstritten. Mag sein, dass es Hunde gibt, die Knochen wirklich nicht so vertragen. Wir glauben aber, dass das eher die Ausnahme ist. Der Verdauungstrakt des Herders ist dafür vorgesehen, Fleisch und Knochen mitsamt Innereien und vorverdauten Grünteilen (Mageninhalt der Pflanzenfresser) zu verdauen. Die Magensäure des Hundes ist viel stärker als zum Beispiel die von Menschen. Hat sie nichts zu tun, äußert sich das in einer Art von Sodbrennen. Der Hund frisst Gras, würgt und fördert einen weißlich gelben Schaum zutage. Dabei fühlt sich der Hund nicht krank, sondern will sich nur von etwas befreien, was ihm lästig ist.

Beim Fressen von Knochen wird die Magensäure beansprucht und abgebaut. Zudem ist der Knochen ein wertvoller und natürlicher Kalziumlieferant. Und Ihr Herder wird den leckeren Knochen dem Kalziumpräparat aus dem Handel mit Sicherheit vorziehen. Außerdem putzen Knochen die Zähne besser als alles andere, was im Handel erhältlich ist, und sorgen dafür, dass die Zähne bis ins hohe Alter im Kiefer fest verankert bleiben.

Obst, Gemüse und Getreide werden vom Hund zwar oft gern gefressen, aber nicht wirkungsvoll verdaut. Deswegen fressen Hunde mit Vorliebe Vorverdautes in Form von den Hinterlassenschaften von Pflanzenfressern: Pferdeäpfel, Kuhdung, die kleinen Kotballen von Wild, auch jene von Kaninchen und Meerschweinchen werden vom Hund gern verschlungen. Und wenn es auch noch so ekelhaft ist, es ist nicht ungesund oder schädlich.

Ein Herder kann angsteinflößend wirken.
Daher ist Grundgehorsam besonders wichtig.

Die richtige Erziehung eines Herders

Ein Herder zählt zu den Schäferhunden, die für viele Menschen angst- oder zumindest respekteinflößend sind. Dazu besitzt er fast immer ein schwarzes Gesicht und ist generell eher als dunkel einzustufen, auch wenn er hellgestromt ist. Hundeunkundige fürchten diese Dinge.
Wenn Sie also vorhaben, sich einen Herder zuzulegen, sollten Sie sich im Klaren sein, dass dieser Hund nicht nur gut erzogen sein muss, sondern dass Ihnen irgendwann mal Menschen begegnen werden, die sie bitten, den Hund anzuleinen oder auf die Seite zu nehmen, da sie Angst empfinden.

Herder haben von sich aus einen ausgeprägten Wach- und Schutzinstinkt. Ihr Territorialverhalten ist relativ stark ausgeprägt. Auch der Wille, die Familie und das Eigentum zu beschützen, wird von so manchem Herder etwas zu ernst genommen, sodass diese Dinge einfach in die richtige Bahn gelenkt werden müssen, damit der Herder weiß, wann er sich wie zu verhalten hat, was er jetzt darf oder was er eben nicht darf.

Wenn man dem Herder keine Grenzen setzt, kann es durchaus sein, dass er gern auch mal zuschnappt oder sogar bissig wird. Ein guter Grundgehorsam ist enorm wichtig. Und das ist nur durch konsequente Erziehung möglich.

Gehört Ihr Herder zu den etwas sensibleren und weniger harten Vertretern ist er meist einfacher zu handeln als derjenige mit einem stark ausgeprägten Charakter. Leider gibt es auch zuweilen sich aggressiv verhaltene Herder, die beginnen, auf andere Hunde loszugehen, die durch das Auto toben, sobald sich ein Fremder nähert, die das eigene Grundstück selbst über den Zaun hinüber verteidigen wollen, und auch jene, die es geschafft haben, durch eine geschlossene Fensterscheibe zu springen, da sich ein Fremder genähert hat. Härte ist für einen Herder, besonders für den kurzhaarigen, kein Fremdwort. Langhaarige Herder sind eher die Softies dieser Rasse, während der Rauhaarige etwas reservierter sein kann. Ausnahmen bestätigen aber auch hier die Regel.

ERZIEHEN ODER ABRICHTEN

Noch eines vorneweg. Es gibt einen Unterschied zwischen Erziehung und Abrichtung. Unter Abrichtung verstehe ich, dass der Hund gelernt hat, auf ein sichtbares oder akustisches Signal etwas zu tun. „Sitz“ bedeutet eben sich zu setzen. Das heißt aber noch lange nicht, dass der Hund gelernt hat, den Teppich nicht zu fressen oder sich in Gesellschaft ruhig zu verhalten. Das gehört in die Kategorie Erziehung.

Erziehung von Anfang an

Auf alle Fälle sollte mit der Erziehung so früh wie möglich begonnen werden, nämlich sobald der Herder bei Ihnen eingezogen ist. Zu den grundlegenden Dingen gehört es, dem Hund beizubringen, sein Geschäft draußen zu verrichten und vernünftig an der Leine zu gehen. Das sind Dinge, die nahezu jeder Hundehalter schafft. Leider bringt man in den ersten Wochen dem Hund aber auch viel zu viel Blödsinn bei. Das Betteln beim Tisch gewöhnt er sich zum Beispiel ganz schnell an ebenso wie das Hinausstürmen bei der Haustür oder das Ziehen an der Leine.

Beginnen Sie mit den einfachen Dingen. Füttern Sie ihn nicht am Tisch. Schicken Sie Ihren jungen Hund, sobald er auch nur ansatzweise beginnt zu betteln, weg auf seinen Platz. So weiß er, dass Betteln immer irgendwelche Konsequenzen hat. Es sollten auch keine anderen Familienmitglieder mit dem Füttern am Tisch anfangen, denn das wäre kontraproduktiv.

Schon bei den ganz Kleinen kann man mit den ersten Übungen beginnen.

Schicken Sie Ihren Hund aus der Küche, wenn Sie nicht wollen, dass er ständig zwischen Ihren Füßen liegt, in der Hoffnung etwas abzubekommen. Er muss nicht in der Küche liegen, wenn Sie kochen.

Zeigen Sie ihm bei unerwünschtem Verhalten, dass Sie das nicht okay finden. Knabbern an Tischbeinen, an Teppichen, an Schuhen, das Abreißen von Wandtapeten, das Ausgraben von Zimmerpflanzen sind alles Dinge, die Sie vermutlich nicht unbedingt wollen. Ihr junger Herder weiß das nicht und muss es lernen. Zeigen Sie ihm anhand Ihrer Stimme (lauter als sonst), Ihrer Körpersprachen (zorniges Auftreten) und mit Wegschicken, dass Sie das nicht billigen. Ein Herder ist klug. Er wird es verstehen. Und manchmal ist er noch klüger und wird es wieder versuchen – in Ihrer Abwesenheit.

Herder lernen sehr schnell. Aber Vorsicht: Sie lernen unerwünschte Dinge genauso schnell wie erwünschte und haben auch sehr schnell herausgefunden, wie sie Sie austricksten können. Weiterhin ist es wichtig, Ihrem Herder zu zeigen, wie man sich in der normalen Umwelt verhält. Allerdings sind Sie derjenige, dem zuerst auffallen muss, dass Ihr Herder Verhalten zeigt, das Sie keinesfalls wollen. Viele Herderbesitzer erkennen häufig zu spät, dass sie Dinge haben durchgehen lassen, die dann zum Problem werden. Es mag lustig und süß sein, wenn ein kleiner Herderwelpe jemandem anspringt. Auch im Alter von vier Monaten werden das noch viele verzeihen. Springt einem aber ein ausgewachsener Herder ins Genick, findet das niemand mehr süß.

Dieser junge Herder wartet schon auf seine nächste Übung.

Lob und Tadel bei einem Herder

Jeder weiß, Lob ist motivierend und fördert richtiges Verhalten. Macht ein Hund etwas richtig, wird er mit Streicheleinheiten oder mit einem Leckerli gelobt. Das ist richtig und gut so. Aber wie tadele ich meinen Hund, wenn er wirklich etwas verbockt hat? Darf man ihn körperlich maßregeln? Demütigt man damit seinen Hund oder traumatisiert man ihn gar? Ist Ihr Herder ein sehr „weicher“ Hund, wird die laute Stimme wohl reichen, ihn zu maßregeln. Die obligatorische Standpauke ist dann genug. Aber unter den Herdern gibt es eben auch Hunde, die nicht so sensibel sind und sich von einer lauten Stimme nicht beeindrucken lassen. Sie lassen sich auch durch Ablenkungsmanöver nicht von ihrem Vorhaben abbringen und weiß ein Herder, dass sich sein Besitzer absolut nicht durchsetzen kann, hat man als Hundeführer schon verloren, bevor der Hund zu tun gedenkt, was er sich vor ein paar Minuten vorgenommen hat.

Wenn der Mensch als Chef anerkannt ist, gibt der Herder auch gern sein Apportel ab.

Ihrem Herder schadet es bestimmt nicht, wenn Sie ihm mal ins Fell greifen oder ihn anrempeln. Um zu verdeutlichen, dass man meint, was man sagt, ist es zuweilen erforderlich, dies dem Hund auch zu zeigen. Herder halten das gut aus, sonst wären sie für den Schutzdienst und für die Polizei denkbar ungeeignet.
Seien Sie einfach konsequent zu sich selbst und zu Ihrem Hund. Wenn Sie konsequent genug sind, um das, was Sie von Ihrem Hund wollen, umzusetzen und auch einzufordern und mögliches Aufbegehren seitens des Hundes sofort im Keim zu ersticken, stellt sich Ihnen die Frage vermutlich gar nicht, ob Sie Ihren Hund maßregeln müssen, da dieser sofort Bescheid wissen wird, wenn Sie nur böse gucken.
Leider sind viele Neulinge oder auch unerfahrene Hundebesitzer zu inkonsequent und weich, lassen ihrem Hund zu viel durchgehen, was sich dann irgendwann zu einem Problem entwickeln kann. Dieses Problem aus der Welt zu schaffen, ist vermutlich dann für beide hart, denn ein guter Trainer wird nicht nur den Hund ins Gebet nehmen, sondern in erster Linie seinen Hundeführer. Halten Sie sich einen Grundsatz immer vor Augen: Sie sind der Chef und nicht Ihr Hund.

Grundsätzliches beim Gehorsam

Es gibt einige Grundsatzdinge, die ich gern ansprechen möchte und die zum Nachdenken anregen sollen, um vielleicht schon im Vorfeld Fehler zu vermeiden.

Sie sind der Chef

Zeigen Sie Ihrem Herder im Haus, wer der Chef ist. Wenn er Ihnen im Weg liegt, dann bringen Sie ihn dazu, sich zu entfernen, indem Sie mit Ihrem Körper diesen Platz beanspruchen. Schicken Sie Ihren Hund weg, indem Sie ruhig auf ihn zugehen und dazu auffordern wegzugehen. Mit leisen „gschscht"-Lauten oder Worten wie „Verschwinde" oder – wie man hierzulande sagt – „Putz dich" beansprucht man das Haus für sich und der Hund hat zu gehen. Dadurch erkennt Ihr Hund, dass Sie der Chef sind. Erfahrende Hundeführer machen dies, ohne es zu merken, unerfahrene ziehen ihren Hund am Halsband zur Seite oder steigen drüber. Dann hat der Hund aber trotzdem gewonnen.

Richtige Leinenführigkeit

Verzichten Sie auf Rollleine und Brustgeschirr. Rollleinen sind das Trainingsinstrument, um Ihrem Hund das Ziehen beizubringen. Damit die Leine ausrollt, zieht der Hund nämlich leicht am Halsband. Bald ist das für ihn selbstverständlich und er wird immer an der Leine ziehen.
Schon der junge Hund soll lernen, Sie zu beobachten und den Sichtkontakt zu halten. Rennt er aber vor und wartet darauf, dass sich die Leine irgendwann spannt, kann er Sie nicht beobachten bzw. es wird ihm egal sein, da er es nie gelernt hat. Sie ziehen ihn nach links, nach rechts, dahin, dorthin, alles wird so zur Gewohnheit.

Hat Ihr Hund aber gelernt, Sie zu beobachten, wenn er an der Leine läuft, wird er nicht ziehen. Will er an Ihnen vorbei, blockieren Sie ihn mit dem Fuß oder mit dem Bein und verhindern Sie das. Bleibt er brav neben Ihnen und sucht auch weiter den Sichtkontakt, gehen Sie ruhig weiter.

Zudem sollten Sie Ihren Hund immer nur auf einer Seite führen, und zwar vorzugsweise links, da bei allen Prüfungen oder Sportarten ein Führen an der linken Seite vorgeschrieben ist. Denn geht Ihr Hund von links nach rechts, umwickelt Sie auch noch mit der Leine oder rennt zwischen Ihren Beinen, ist das lästig und wird nicht als „Führung" betrachtet.

Ihr Hund muss aber an der Leine nicht immer korrekt „Bei Fuß" gehen. Zwei Stunden lang ständig „Bei-Fuß-Laufen" wäre für Ihren Hund – und auch für Sie – eine Tortur. Aber Ihr Hund kann lernen, an lockerer Leine neben Ihnen zu gehen, egal ob dicht bei Ihnen, etwas weiter hinten oder etwas weiter seitlich neben Ihnen. Wir benutzen hierfür das Kommando „Hierbleiben", was unseren Hunden sagt, dass sie nur eben bei mir bleiben müssen, sonst nichts. Nachdem ich Chef bin, gehe ich an vorderster Front und der Hund oder die Hunde folgen. Brustgeschirre sind Arbeitsgeräte zum Beispiel für die Fährtenarbeit oder das Mantrailing und man sollte sie auch als solche verwenden. Um anderen Leuten die Angst zu nehmen, sichern Sie Ihren Hund mit einem Halsband, mit dem man – sollte es vonnöten sein – den Kopf wegziehen kann, was mit einem Geschirr nicht geht.

Bei der Arbeit sollte der Hund immer aufmerksam sein und sich auf seinen Menschen konzentrieren.

Aufmerksamkeit

Bringen Sie Ihrem Hund so früh wie möglich bei, dass er auf seinen Namen reagiert, je nach Alter des Hundes in Verbindung mit einem Kommando. Wenn Sie Ihren Hund rufen, sollte er reagieren, indem er unterbricht, was er gerade tut, und Sie anschaut nach dem Motto „Ja, bitte!". Tut er das nicht, werden Sie ihn ein zweites Mal rufen, vielleicht ein drittes Mal und irgendwann rufen Sie zehnmal und der Hund reagiert immer noch nicht.

Egal welche Art von Hundesport oder anderen Tätigkeiten Sie später mit Ihrem Herder ausüben wollen – hat er gelernt, Sie zu beobachten, auf Sie zu reagieren und auf Ihren Körper zu achten, ist der Grundstein für eine weitere Ausbildung gelegt und Sie werden umso leichter vorankommen.

Seien Sie auch hier konsequent. Nach dem zweiten Ruf sollten Sie wieder agieren. Lassen Sie sich etwas einfallen, wodurch sich der Hund genötigt sieht, Sie anzuschauen, egal ob er gerade schnuppert, mit einem Ball spielt oder einen Vogel beobachtet. Wenn Sie rufen, hat der Hund zu reagieren.

Ein guter Trick, bei einem Hund die nötige Aufmerksamkeit zu erzielen, ist zum Beispiel die Wurfflasche. Nehmen Sie eine kleine, leere Plastikflasche und füllen Sie ein paar Steine hinein, sodass die Flasche nicht zu schwer wird, aber doch noch etwas Gewicht hat, um geworfen zu werden. Zielen Sie in die Nähe des Hundes. Da die Flasche rund und aus Kunststoff ist, können Sie Ihren Hund nicht verletzen, falls er doch einmal getroffen werden würde. Aber sie scheppert wunderbar, wodurch der Hund erschrickt und in diesem Moment auf Sie aufmerksam wird. Dadurch weiß er, dass er Ihnen Aufmerksamkeit schenken muss, und es wird ihm schwerfallen, Ihren Wirkungsbereich genau einzuschätzen.

Lassen Sie Ihren Hund nie weit vorlaufen. Erstens könnten Sie andere Hunde, Katzen oder vielleicht Wild übersehen. Und zweitens: Je Größer der Abstand ist, desto mehr entfernt sich der Herder aus Ihrem Wirkungsbereich. Kennt Ihr Hund die Wurfflasche, brauchen Sie nach einigen Tagen nur noch damit zu schütteln und er wird reagieren. Und irgendwann gerät sie in Vergessenheit, wenn Sie hartnäckig dranbleiben, da der Hund gelernt hat, immer aufmerksam zu sein.

Nur in Ruhe

Trainieren Sie auf der Straße nur dann, wenn Sie ausreichend Zeit haben. Ihr Herder wird merken, wenn Sie in Eile sind, und sich dann nicht wirklich auf die Arbeit konzentrieren. Denn auch wenn er keine Lust hat und Sie keine Zeit mehr haben, gewinnt er letztendlich, wenn die Übung abgebrochen wird. Wenn Sie trainieren, dann nur in kleinen Einheiten von jeweils ein paar Minuten und am besten bei jedem Spaziergang, denn da werden Sie es am meisten brauchen. Auf dem Hundeplatz werden viele Übungen innerhalb eines Programms einstudiert. Ihr Herder weiß, dass auf dem Hundeplatz gearbeitet wird. Wird aber nur dort trainiert, wird der Hund, sobald er das Gelände verlässt, scheinbar wieder alles vergessen haben bzw. sich anders verhalten, da mit ihm anderswo ja nicht gearbeitet wird.

Arbeiten Sie vor allem mit Blickkontakt und Körpersprache. Sie werden staunen, wie gut man einen Herder führen kann, wenn Sie weniger Worte und dafür mehr Körpersprache verwenden und vor allen Dingen konsequent darauf bestehen, dass er ausführen soll, was verlangt worden ist.

Hüte- und Jagdtrieb

Wie bereits erwähnt, ist mir bisher bei allen Herdern, die ich kenne, keiner mit dem typischen Hüteverhalten aufgefallen. Nachdem der Herder jahrzehntelang für den Schutzdienst und den Einsatz bei der Polizei gezüchtet worden ist, ist vermutlich das ursprüngliche Hüteverhalten bei den meisten Vertretern weitgehend abhanden gekommen. Bei keinem habe ich bisher ein Hüteverhalten, wie man es zum Beispiel beim Border Collie, beim Kelpie oder beim Cattle Dog beobachten kann, gesehen.
Sicherlich gibt es immer mal wieder Herder, die noch ein gewisses Hüteverhalten zeigen, sei es durch Einkreisen oder durch Fesselbeißen. Die sind aber eher

Hüte- oder Jagdtrieb? Irgendetwas hat das Interesse dieses Herders geweckt.

selten, da es schon seit Jahren nicht mehr oberstes Ziel der Zucht war. Heutzutage könnte ich mir sogar einen Herder als Herdenschutzhund besser vorstellen anstatt als Hütehund. Das Hüteverhalten hat sich ja aus dem Jagdverhalten entwickelt, indem die letzten Bereiche der Verhaltenskette wir Fangen und Töten abhanden gekommen sind.
Bei einem Herder ist dagegen das Jagdverhalten noch sehr ausgeprägt. Wie bei vielen anderen Rassen auch weckt ein davonlaufender Hase oder ein wegspringendes Reh den Jagdtrieb des Herders. Er will diese potenzielle Beute unbedingt jagen und wäre auch körperlich in der Lage, sie zu erlegen. Es gibt Herder, die wollen das, was sie gerade jagen, eigentlich nicht wirklich töten, sondern lediglich fangen. Bei ihnen ist dann die letzte Stufe des Jagdverhaltens – nämlich das Töten – nicht ausgeprägt.

Es gibt aber auch Herder, die setzen gezielt ihre Zähne ein und fangen die Beute nicht nur, sondern töten sie auch. Das sind Urinstinkte des Beutegreifers, die durchaus noch vorhanden sind. Deshalb gilt es, das Jagdverhalten Ihres Herders früh genug in richtige Bahnen zu lenken, damit er noch abrufbar ist.

Viele Menschen kennen den Zustand der allgemeinen Verzweiflung, wenn der Hund plötzlich Wild (es kann auch eine Katze sein) sichtet und wie ein Torpedo hinterherrennt. Der Besitzer schreit sich schier die Kehle aus dem Hals, muss aber mit ansehen, wie der Hund seinem Blickfeld entschwindet, und kann nur hoffen, dass er irgendwann zurückkommt und in der Zwischenzeit nicht von einem Auto überfahren oder von einem Jäger erschossen wird.
Damit es erst gar nicht dazu kommt, muss man gezielt daran arbeiten. Lassen Sie Ihren Hund beim Freilauf nicht zu weit vorlaufen, damit Sie Gefahren oder mögliche Beute noch vor dem Hund ausmachen können. Ein frei laufender Hund wie der Herder muss reagieren, wenn man ihn ruft.

Spielt Ihr Hund gern mit einem Ball? Dann können Sie die Jagd durchaus simulieren, denn die meisten Hunde schalten genau dann auf Durchzug, wenn sie eine gewisse Distanz zum Hundeführer überschritten haben. Nehmen Sie sich einen Helfer und suchen Sie sich eine große Wiese. Der Helfer soll sich ein gutes Stück von Ihnen entfernen und mit dem Ball spielen, während Sie mit Ihrem frei laufenden Hund „spazieren gehen". Irgendwann wird der Hund den Ball sehen und dorthin starten wollen. Genau das ist der Zeitpunkt, an dem Sie ihn abrufen sollten. Die wenigsten Hunde werden gleich beim ersten Mal reagieren, sondern weiterlaufen. Jetzt gilt es wieder zu agieren. Holen Sie Ihren Hund sofort zu sich. Der Helfer hat natürlich den Ball verschwinden lassen und lässt den Hund in Ruhe. Wenn Sie wütend auf ihn zumarschieren, wird er wissen, dass etwas falsch gelaufen ist. Schnappen Sie sich Ihren Hund und zeigen Sie ihm deutlich, dass Ihnen missfällt, was er getan hat, nämlich den Ruf zu ignorieren.
Den Ball bekommt er als Belohnung nur, wenn er auf den Ruf hört, bremst und seine „Jagd" unterbricht. Diese Übung können Sie wiederholen, bis der Hund

Der Herder sollte immer zuverlässig auf Abruf kommen.

versteht, dass es weder ein lustiges Spiel noch sonst etwas Schönes gibt, wenn er nicht reagiert.
Fruchtet der Ruf gar nicht, kann der Helfer sich auch wieder der Wurfflasche bedienen und dem Hund entgegenschleudern, wenn er zum wiederholten Mal nicht reagiert.
Diese Training kann man im Wald wiederholen und in bestimmten Situationen, mit denen der Hund nicht rechnet. Arbeiten Sie mit Ihrem Hund im Schutzdienst, dann können Sie Ihren Helfer bitten, das Abrufen ebenso zu trainieren. Denn im Schutzdienst ist der Hund in Trieb versetzt, ähnlich wie bei der Jagd. Jagt er auf den Helfer zu, kann man den „Abbruch“ mit einbauen. Besonders bei der „langen Flucht“ sollte man Abbruchkommandos immer mal wieder einbauen, damit der Hund sich genötigt sieht aufzupassen.

Haben sich schon Probleme eingeschlichen, dann lassen Sie sich von einem guten Hundetrainer helfen. Allerdings – nur mit Streicheleinheiten und Leckerli werden Sie bei Ihrem Herder nicht weit kommen, da er nicht nur schlau genug ist, um zu wissen, dass Sie ihm nicht Herr werden, sondern auch pfiffig genug, sich zwar sein Lob und sein Leckerli abzuholen, aber weiterhin denselben Blödsinn zu machen, den er sich selbst oder Sie ihm durch Inkonsequenz antrainiert haben.

GRUNDLEGENDES WAS HELFEN KANN

- *Bringen Sie Ihrem Herder bei, sich aus jeder Lebenslage abrufen zu lassen*
- *„Sitz“ und „Platz“ sind notwendige Kommandos, die jeder Hund beherrschen sollte.*
- *Den Hund auf Distanz ablegen oder absetzen zu können, kann helfen, unangenehmen Situationen aus dem Weg zu gehen.*
- *Eine korrekte Leinenführigkeit zeigt anderen Leuten, dass Sie Ihren Hund kontrollieren können.*
- *Ihr Hund sollte sich frei laufend niemals aus Ihrem Kontrollbereich entziehen. Wo dieser ist, müssen Sie selbst herausfinden.*
- *Auf ein „Nein“ oder „Lass das“ sollte Ihr Hund sofort mit dem, was er tut, aufhören.*

Was nicht sein muss und schlecht ankommt

Der Herder in seiner Form ist nicht nur eine Schönheit und für mich der Inbegriff eines schnellen und klugen Begleiters, sondern für viele Menschen „wölfisch“. Er hat Stehohren, ein dunkles Gesicht, eine dunkle Fellfarbe und genau jene Form, die der des Wolfes am nächsten kommt. Das erzeugt bei vielen Angst. Und dabei tritt für mich ein einfaches Sprichwort in Kraft, dass ich vor langer Zeit von meinem indianischen Trainer gehört habe:

Sprichst du mit Hunden, lernst du sie kennen.
Sprichst du nicht mit Hunden, lernst du sie nicht kennen.
Was du nicht kennst, fürchtest du.
Was du fürchtest, zerstörst du.

Der Wolf wurde an den Rand der Ausrottung getrieben, weil man sich vor ihm fürchtete, und auch heute noch hört man immer wieder Legenden vom bösen Wolf, die sogar noch in alten Märchen erhalten geblieben sind.

Als in unserer Gegend rund um das Schneeberggebiet ein Wolf gesichtet wurde, wagten sich die Menschen nicht mehr in den Wald. Sie hatten Angst, mit ihren Hunden spazieren zu gehen, und man ließ die Katzen nicht mehr aus dem Haus. Das ist eine uralte Angst, die sich nur dann bekämpfen lässt, wenn man sich mit dem Thema Wolf – Hund auseinandersetzt. Aber wie viele Menschen in unseren Breitengraden haben überhaupt Interesse, sich mit diesem Thema zu beschäftigen? Dieses Unverständnis gekoppelt mit Hass bekommen wir als Hundebesitzer zu spüren. Hat man nun einen großen, schönen Herder, kann man mithelfen, den Hass oder die Angst zu bekämpfen. Einiges habe ich im vorangegangen Kapitel schon gesagt.
Seien Sie sich einfach bewusst, dass Ihr Hund für viele Menschen respekt- oder angsteinflößend ist. Es ist nicht Ihre Aufgabe, diesen Menschen mit einem „Der tut nichts“ zu sagen, dass Ihr Hund harmlos ist. Gerade Menschen, die sichtbar Angst zeigen, machen Hunde neugierig, und die Angst dieser Leute wird nicht besser, wenn sich der Hund nähert und aufdringlich schnuppert, was für den Hund vielleicht normal, aber für den ängstlichen Menschen der halbe Weltuntergang ist.
Lassen Sie Ihren Hund nicht andere Hunde und andere Menschen anbellen. Herder können sehr gefährlich und grantig aussehen, wenn sie sich in ihre Bellerei hineinsteigern. Spritzt ihnen auch noch der Speichel aus dem Maul und zeigen sie beim Bellen die Zähne, werden Sie sich keine Freunde machen. Diese Gebärden dienen der Show „Schau wie toll und groß ich bin!“, aber sie beruhigen andere keineswegs. Dieses Verhalten gehört unbedingt unterbunden.
Wird in Zügen, Bussen oder auf Fähren ein Beißkorb verlangt, dann halten Sie sich bitte daran. Und lassen Sie nicht zu, dass Ihr Herder andere Leute belästigt. Anspringen ist grundsätzlich verboten und auch beim Spazierengehen hat Ihr

Hund andere Leute in Frieden zu lassen. Ihr Herder ist groß. Kommen Kinder, schaut er diesen wohlmöglich in die Augen. Stellen Sie sich vor, Ihnen würde ein Hund gegenüber stehen, dem Sie in die Augen schauen können.
Bringen Sie Ihrem Herder unbedingt bei, sich in Gasthäusern, Restaurants, Cafés oder wo auch immer ruhig zu verhalten bzw. sich unter den Tisch zu legen. Ein Hund, der nicht auffällt – und ganz besonders so ein großer Hund wie der Herder –, macht einen guten Eindruck und wird auch als angenehm empfunden, wenn er sich still verhält. Und das nächste Mal wird man auch in dem Restaurant oder Café wieder gern gesehen. Ihr Herder sollte generell wissen, dass man sich in der Öffentlichkeit ruhig verhält.

Mit einem schönen und wohlerzogenen Hollandse Herdershond kann man viele Vorurteile abbauen.

Wir haben bemerkt, dass das so lange sehr gut funktioniert, bis angetrunkene, streitsüchtige und bedrohlich wirkende Personen ins Spiel kommen. Viele Herder reagieren auf solche Leute meist mit Unfreundlichkeit. Das ist eigentlich kein Nachteil, denn wer möchte selbst gern von einem Betrunkenen oder einem Raufbold belästigt werden. Seien Sie sich aber bewusst, dass jeder Biss Konsequenzen nach sich zieht, auch wenn er Ihnen vielleicht geholfen hat. Suchen Sie lieber mit Ihrem Hund das Weite, wenn sich solche Situationen ergeben.

Suchen Sie sich beim Spazierengehen auch nicht unbedingt Wege aus, die gerade an schönen, sonnigen Wochenenden von Familien mit Kindern stark frequentiert werden, wenn Sie Ihren Herder auch mal frei laufen lassen wollen. Denn es gibt viele ängstlich Kinder und auch Erwachsene, auf die Ihr Herder vielleicht einen angsteinflößenden Eindruck macht.
Auch Kinderspielplätze sind Kindern vorbehalten. Wenn Sie an einem Kinderspielplatz vorbeigehen, rufen Sie Ihren Hund zu sich, leinen Sie ihn an und passieren Sie den Spielplatz. Auch wenn Ihr Herder noch so geduldig und freundlich ist, auf einem Kinderspielplatz haben Hunde nichts verloren.

Hundebegegnungen

Wie schon erwähnt, sind nicht alle Herder immer verträglich. Was sie aber nahezu alle haben, ist eine deutliche Mimik und klare Körpersprache. Sie zeigen an, wenn ihnen etwas missfällt und sie sich unbehaglich fühlen.
Auch wenn Ihr Herder im Rudel groß geworden ist und genügend soziale Kontakte hatte, muss das noch lange nicht heißen, dass er sich auch als erwachsener Hund mit allen verträgt. Besonders selbstbewusste Rüden scheinen mit anderen Rüden ein deutliches Problem zu haben. Ich habe mir zur Gewohnheit gemacht, meine Hunde generell abzurufen, wenn sich andere Hunde nähern, und gehe somit jedem Konflikt aus dem Weg.

Es gibt durchaus Herderrüden, die sich nahezu mit allen verstehen und jedem aufkeimenden Konflikt wohlweislich aus dem Weg gehen. Es gibt aber auch solche, die absolut unverträglich sind und überhaupt keine Lust haben, den anderen auch nur ansatzweise zu mögen. Dass solche Hunde anstrengend sind, ist klar. Eine gute Führigkeit und eine konsequente Erziehung sind für diese Hunde wichtiger als alles andere.
Meist hört man, dass sich Herderrüden mit dem einen Hund vertragen und mit dem anderen nicht. Jeder Herder ist eine Persönlichkeit für sich. Was für den einen gilt, gilt für den anderen noch lange nicht. Kann Ihr Hund gewisse andere Hunde „nicht riechen", so sind sie ihm vielleicht einfach unsympathisch. Auch wir mögen gewisse Menschen nicht, gehen ihnen aus dem Weg, ignorieren sie oder geben Ihnen zu verstehen, dass wir keinen Kontakt wünschen. Wir können unsere menschliche Sprache dazu verwenden. Auch Hunde haben ihre Sprache, sie hört sich nur anders an.
Wenn Sie sich angewöhnen, Ihren Herder bei einem Hundekontakt anzuleinen oder abzulegen, gehen Sie vielen möglichen Schwierigkeiten aus dem Weg. Bitten Sie auch den anderen Hundebesitzer, seinen Hund anzuleinen. Wenn der jetzt auch noch hören würde, wäre die Sache perfekt.
Auch Hündinnen müssen nicht immer verträglich sein. Es gibt sanfte und sehr gutmütige Hündinnen, solche, die aufdringliche Rüden gut in Schach halten können, und solche, bei denen der Zickenalarm ausbricht, sobald sie andere Hunde auch nur sehen. Auch an dieser Stelle kann ich nur betonen, wie wichtig es ist, dass der Hund hört. Es sollte zur Angewohnheit werden, den Hund sofort anzuleinen, wenn sich ein anderer Hund nähert, und den anderen Hundebesitzer bitten, es ebenfalls zu tun, sollte er es nicht schon längst getan haben.

Wenn es zu einer Rauferei kommt

Das ist das Schrecklichste, was sich Hundebesitzer vorstellen können: zwei Hunde, die ihre einzige Waffe dazu benutzen, um sich gegenseitig Schaden zuzufügen, indem sie sich beißen – also eine handfeste Rauferei. Zwar gehört der Herder nicht zu den besonders rauflustigen Rassen, aber dennoch kann es immer mal wieder dazu kommen, egal aus welchem Grund.

Beim Spielen mit den eigenen Rudelmitgliedern kommt es erst gar nicht zu Konflikten.

Da ich immer wieder gefragt werde, was man in dem Fall tun kann, möchte ich dieses Thema hier kurz anschneiden, um Ihnen vielleicht eine Hilfestellung zu geben, sollten Sie mal in so eine Situation geraten.
Zunächst: Rauferei ist nicht gleich Rauferei. Es gibt kurze Kämpfe, mit viel Wirbel und Geknurre, die nur dem Imponiergehabe dienen, und es gibt ernste Kämpfe, es gibt Kämpfe, die dazu dienen, den anderen einzuschüchtern, und es gibt Kämpfe, die mit ernsten Verletzungen enden.

Unterschiede gibt es auch zwischen Rüden und Hündinnen. Hündinnen beißen Rüden erbost weg, wenn diese sich zu stark für sie interessieren oder gar aufreiten wollen, wenn sie nicht läufig sind. Das ist normal und wird eigentlich von den Rüden auch gut verstanden. Ist der Rüde zu lästig, sollte der Besitzer einschreiten und dem liebesgeilen Herrn erklären, dass er nicht so kann, wie er vielleicht gern täte.
Hündinnen können sich empfindlich heftig zur Wehr setzen und schrecken nicht davor zurück, dann auch mal zu zwicken. Bringen Sie Ihrem Rüden früh genug bei, wie man mit Hündinnen umgeht, bevor er sich eine ungesunde Ohrfeige holt. Hündinnen, die aneinander geraten, halten nicht viel von Drohgebärden und Einschüchterung. Wenn sie aufeinander losgehen, dann meist heftig, auch schon mal ohne Grund, eben weil man sich nicht riechen kann.
Rüden zeigen es zumindest, dass sie sich nicht mögen, und dann wird es allerhöchste Eisenbahn, die beiden zu trennen, bevor es zur Beißerei kommt. Umkreisen sich zwei Rüden, legen sich gegenseitig den Kopf über die Schulter, staksen

sie mit aufgestellter Bürste herum, kommt ein leichtes Brummen aus der Kehle, wäre es gut, keinen der beiden anzufassen. Versuchen Sie es mit Reizwörtern wie „Wo ist das Frauli?" oder „Wo ist die Katze?". Irgendwas wird Ihr Hund kennen, womit Sie ihn ablenken können. Macht der andere Hundebesitzer es ebenso, dann stehen die Chancen nicht schlecht, dass jeder Hund abzieht, ohne sein Gesicht zu verlieren.
Raucht es nur oberflächlich, dass heißt, schnappen die Tiere sich gegenseitig und ist die Geräuschkulisse hoch, dann kann man mit Gebrüll noch versuchen, die beiden zu trennen. Greifen Sie nur ja nicht in diese Keilerei ein und stacheln Sie die Tiere nicht an, indem Sie sie schlagen oder treten. Keilende Hunde vergessen ihr Umfeld und Schläge bzw. Tritte verbinden sie immer mit dem Gegner.

Wollen die beiden Tiere nicht aufhören, hilft es, nach dem Schwanz zu fassen. Allerdings sollten das beide Hundebesitzer tun, nicht nur einer. Schnappt sich jeder den Schwanz seines Tieres, kann man versuchen die Hunde auseinanderzuziehen. Hat einer den anderen an einer Hautfalte, dann kann es etwas dauern, bis sie loslassen. Jetzt hilft auch kein Schreien oder Brüllen mehr, nur noch ziehen. Und wenn die Hunde losgelassen haben, dann blockieren Sie Ihren Hund mit Körpereinsatz, denn in seiner Euphorie will er seinen Gegner vielleicht sofort wieder schnappen.

Kompliziert wird es dann, wenn die Hunde sich ineinander verbeißen. Dabei wird kaum noch geknurrt, sondern sie trachten nur noch danach, sich gegenseitig am Hals oder im Gesicht zu packen und festzuhalten. Mit heftigen Schüttelbewegungen des Kopfes versuchen sie, den Gegner schachmatt zu setzen, aber loslassen will jetzt keiner mehr. Es ist auch unmöglich, verbissene Tiere einfach auseinanderzuziehen. Hat jeder der Hunde den anderen irgendwo am Kragen, dann hilft nur eines: Halsband nach vorne schieben und daran ziehen. Allerdings muss das auch bei beiden Hunden gemacht werden. Würgen Sie den Hund aus der Rauferei raus, sodass er schließlich loslässt. Es mag brutal klingen, die Hunde abzuwürgen, aber es besteht keine andere Möglichkeit wirklich ineinander verbissene Hunde zu trennen, da keiner den anderen loslassen will.
Gehen Sie auf alle Fälle ruhig und überlegt vor. Ihr Hund kennt Sie in diesen Momenten nicht und ist komplett schmerzunempfindlich. Handeln Sie mit Vorsicht, aber beherzt.

Körperpflege und Gesundheit

Der Befall von Flöhen, Zecken, Läusen und auch gewisse Erkrankungen lassen sich vorbeugen oder eindämmen, wenn Ihr Herder ordentlich gepflegt wird. Kamm, Bürste, Zeckenzange, Handtuch und ein geübter und beherzter Griff gehören zu den Pflegeutensilien. Aber seien Sie unbesorgt. Herder gehören nicht zu den Hunden, deren Pflege besonders zeitaufwendig und intensiv ist. Oft reicht schon ein Abwischen oder ein kurzes Überbürsten aus.

Fellpflege

Beim **kurzhaarigen Herder** wird man generell die Bürste nur selten, vor allem während des Fellwechsels, benötigen. Meist wechseln Hunde im Frühjahr und im Herbst ihren Pelzmantel. Das bemerkt man daran, dass der Herder ganze Fellbüschel an den Hosen, an den Schenkeln oder rund um den Hals verliert. Das Haar wird lose und man kann es auszupfen. Es gibt eigene Striegel für stockhaarige Hunde, mit denen man das lose Fell auskämmen kann. Bürsten Sie das Fell nicht nur mit dem Strich, sondern auch gegen den Strich, denn damit kommt man an die Unterwolle, die sich löst, besonders gut heran. Bürstet man jetzt einen Hund ordentlich aus, ist nach ein paar Tagen wieder Ruhe. Manche Herder verlieren regelrechte Fellplatten und übrig bleibt dann nur eine dünne Schicht Deckhaare (Grannenhaare), die sich fettig anfühlt und scheinbar von vielen Schuppen durchzogen ist.

Beim langhaarigen Herder muss die Fellpflege etwas intensiver erfolgen als beim kurzhaarigen.

Aber nein, Sie müssen Ihren Hund jetzt nicht baden. Beim Bürsten lösen sich auch abgestorbene Hautpartikel, die nach oben gelangen und sichtbar werden. Wird der Hund ordentlich ausgebürstet, fühlt er sich also fettig an und sieht staubig aus. Jetzt hat die Hundehaut Zeit und Luft, sich wieder zu regenerieren und neues Unterfell nachwachsen zu lassen. Ihr Hund wird bald ein neues Haarkleid bekommen, das wieder glänzt.

Auch der **langhaarige Herder** braucht nicht unbedingt so viel Pflege, wie man vielleicht glauben möchte. Normalerweise hat dieser Herder ein Fell, das sehr gut hält. Beginnt er zu haaren, wird man das ebenso daran merken, dass er Haarbüschel verliert. Hier sollte man vielleicht etwas mehr Zeit einplanen, um ihn zu bürsten, und den Pflegeakt etwas intensiver gestalten. Je mehr Haare man ausbürstet, desto schneller ist der Haarwechsel abgeschlossen.
Auch langhaarige Herder braucht man nicht zu baden, allerdings sollte man öfter mit der Bürste durch das Fell gleiten, damit abgestorbenes Fell nicht zu stinken beginnt.
In den Wintermonaten kann es bei manchen Herdern notwendig sein, ihnen das Fell zwischen den Pfotenballen zu schneiden, da sich der Schnee sonst darin verklumpt. Ein guter Tipp: Mähnen- und Schweifspray für Pferde hilft, das Fell rutschig werden zu lassen. Dann bleibt der Schnee nicht mehr so leicht hängen.

Beim rauhaarigen Herder sollten die abgestorbenen Haare mit der Hand herausgezupft werden.

Beim **rauhaarigen Herder** wird das lose Fell mit der Hand herausgezupft. Im Standard wird dies als „handgestrippt“ bezeichnet. Das Fell ist manchmal sehr struppig und ungleich lang, was Besitzer dieser Hunde dazu verleitet, ihre Vierbeiner in einen Hundesalon zu bringen. Der Hundefriseur schafft es dann, das rauhaarige Fell gleichmäßiger aussehen zu lassen.

Auch greifen einige Herderbesitzer immer mal wieder zur Schermaschine und scheren ihren Hund in den heißen Sommermonaten. Das schadet zwar dem Hund nicht, allerdings braucht das Fell sehr lange, um wieder urtypisch auszusehen und das lose Unterhaar ist zwar gekürzt, aber nicht entfernt.

Bemerkt man, dass das Haarkleid sehr lose ist, geht man daran, die überlangen Kringel auszuzupfen, damit das Fell wieder gleichmäßig aussieht. Manche Besitzer rauhaariger Herder verlassen sich aber wirklich nur auf das Bürsten und das funktioniert auch meistens.

Zähne, Augen und Ohren

Der Holländer gehört nicht zu den Rassen, deren Augen und Ohren einer besonderen Pflege bedürfen. Eine Kontrolle ab und zu genügt. Regelmäßig sollte man auch die Zähne des Herders kontrollieren. Besonders bei Hunden, die im Schutzbereich arbeiten, brechen die Zähne gelegentlich ab. Sind Nerven freigelegt worden, kann das Zahnschmerzen und Entzündungen verursachen.
Bei entsprechender Fütterung mit (Kau-)Knochen kann man auch der Bildung von Zahnstein entgegenwirken. Dann können Herder auch in hohem Alter noch blitzweiße, gesunde Zähne haben.

Wann muss der Herder zum Tierarzt

Wir haben die Erfahrung gemacht, dass ungeübte Herderbesitzer schon bei den ersten Anzeichen einer eventuellen Unpässlichkeit des Hundes zum Tierarzt gehen. Die Angst, der Herder könnte sich verletzt haben oder gar krank sein, ist groß. Dabei wäre bei vielen Dingen der Tierarzt gar nicht notwendig, so wie auch kleine Kinder immer mal wieder einen blauen Fleck oder eine Schürfwunde haben. Außerdem sollte man dem Immunsystem, das bei Hunden in der Regel recht stark ist, die Möglichkeit geben, zum Einsatz zu kommen und nicht sofort mit starken Medikamenten behandeln.

Bei einem so bewegungsfreudigen Hund wie dem Hollandse Herdershond können kleine Verletzungen schon mal auftreten.

Lahmt der Hund, kann es sein, dass er auf einen spitzen Stein getreten oder beim Herumlaufen irgendwo dagegen geschlagen ist. Das tut ein, zwei Tage weh und ist dann schon wieder vergessen. Genauso kann es sein, dass Ihr Herder einen verstimmten Magen oder Durchfall hat und deswegen vielleicht nichts fressen will. Das sollte aber auch nach ein bis zwei Tagen wieder verschwunden sein. Geht es dem Hund aber länger schlecht oder hat er starke Schmerzen, sollte man unbedingt einen Tierarzt hinzuziehen. Ebenso muss Ihr Herder zum Tierarzt, wenn er geimpft werden soll, plötzlich auftretende schwere Krankheitssymptome zeigt und natürlich wenn er Verletzungen aufweist, die nicht mehr unter die Rubrik „belanglos“ fallen.

Impfungen

Die Erstimpfung sollte Ihr Hund bereits besitzen, wenn Sie ihn vom Züchter holen. Es ist allerdings sehr unterschiedlich, was geimpft worden ist.
Im Allgemeinen sind die Welpen durch die Mutterhündin sehr gut geschützt. Ist die Mutterhündin eine geimpfte Hündin, gibt sie ihre Antikörper über die Muttermilch an die Welpen weiter. Welpen von geimpften Hündinnen brauchen nicht vor der 8. oder 9. Woche geimpft zu werden, da sie durch die Mutter ausreichend geschützt sind. In manchen Fällen, bei zu früh geimpften Welpen, kann es außerdem vorkommen, dass sich kein Impfschutz aufbaut, da sich die maternalen Antikörper gegen die Impfung richten und diese nicht anschlägt. Erst wenn die maternalen Antikörper unter einen gewissen Wert gesunken oder zerfallen sind, baut sich ein Impfschutz beim Welpen auf.

Impfen schützt vor gewissen Krankheiten, das ist allgemein bekannt. Bei einer Impfung werden dem Hund abgeschwächte Erreger, man nennt das aktive Impfung, oder „fertige“ Antikörper, das nennt man passive Impfung, gespritzt, mit dem Ziel, dass der Körper Antikörper gegen gewisse Erreger aufbaut. Eine eventuelle Infektion mit dieser oder jener Krankheit kann somit verhindert oder auch abgeschwächt werden.
Wie viele Antikörper so ein Hund nach einer Immunisierung allerdings hat bzw. wie lange die halten, lässt sich durch eine Blutuntersuchung (Titerbestimmung) feststellen.

Was genau Sie jetzt Ihrem Hund impfen wollen, hängt davon ob, ob Sie ihn auch in den Urlaub ins Ausland mitnehmen wollen. Die einzige Pflichtimpfung ist die Tollwutimpfung. Es ist Ihre Entscheidung, gegen was Sie Ihren Hund noch impfen möchten, denn Impfstoffe gibt es viele, es sind aber nicht immer alle sinnvoll. Auch sollten Sie sich darüber informieren, wie lange die Impfung Ihres Hundes hält, denn die meisten halten bereits länger als nur ein Jahr. Den Hund nicht zu impfen, ist bestimmt genauso verkehrt, wie ihn zu „überimpfen“. Ein guter Tierarzt berät Sie gern.

Parasiten am und im Hund

Generell sollte man auch daran denken, dass ein Herder von Parasiten heimgesucht werden kann. Ektoparasiten werden jene Lästlinge genannt, die sich außen am Hund befinden. Das sind Zecken, Flöhe, Läuse, Haarlinge oder auch Milben. Endoparasiten sind jene, die sich im Hund befinden und dort ein gutes Leben führen, aber von uns nicht gesehen werden. Dazu gehören Würmer und Einzeller. Wenn Sie Ihren Welpen holen, sollte er mehrmals entwurmt worden sein. Eine Hündin überträgt Würmer über die Muttermilch an die Welpen, auch wenn sie entwurmt worden ist. Das ist normal und wird durch das Entwurmen bekämpft. Sie können später Ihren Hund regelmäßig zwei- bis dreimal im Jahr entwurmen. Allerdings kann er sich danach sofort wieder neu infizieren. Alternativ können Sie auch Kotproben untersuchen lassen, um zu wissen, ob eine Entwurmung überhaupt notwendig ist.
Gegen Zecken, Flöhe und anderes Ungeziefer kann man sich mit Sprays und Flohhalsbändern gut helfen. Wer diese Dinge nicht will, kann sich auch der Spot-On-Produkte bedienen, die dem Tier ins Genick geträufelt werden und dort ihre Wirkung auf den Körper ausbreiten. Halten sich so manche Mitbewohner sehr hartnäckig, fragen Sie Ihren Tierarzt nach Produkten, die Sie im Handel nicht bekommen. Sie helfen meist besser.
Kratzt Ihr Hund sich sehr viel oder rutscht mit dem Hintern über den Boden (Schlittenfahren), sollten Sie immer an Parasiten denken. Nicht zu vergessen, selbst der gepflegteste Hund kann sich Zecken, Flöhe, Würmer oder anderes Ungetier holen, die sich aber meist, einmal erkannt, gut bekämpfen lassen. Für genauere Informationen zu diesem Thema gibt es eine Reihe guter Bücher oder lassen Sie sich vom Tierarzt beraten.

Auch bei einem ausgiebigen Sonnenbad können sich kleine Plagegeister im Fell einnisten.

Vererbbare Krankheiten

Grundsätzlich sind Herder sehr gesunde und robuste Hunde, die sich noch nicht mit zahlreichen Erbkrankheiten oder genetischen Defekten herumschlagen müssen. Es liegt an der Zucht und somit an uns Menschen, dass das auch so bleibt. Dennoch gibt es einige wenige Krankheiten, die gelegentlich beim Herder wie auch bei anderen Hunderassen auftreten und vererbt werden können, was man bei der Auswahl der Hunde berücksichtigen sollte.

Hüftgelenkdysplasie (HD)

HD ist eine Fehlentwicklung des Hüftgelenks. Die Gelenkkugel liegt nicht richtig in der Gelenkpfanne und findet dort, je nach Ausprägung, nur ungenügend Halt und reizt so die Nervenfasern der Knochenhaut. Der Hund hat mehr oder minder starke Schmerzen, wenn er sich bewegt.

Die Veranlagung, an HD zu erkranken, wird vererbt, weswegen ein Hund vor der Zucht eine Röntgenuntersuchung über sich ergehen lassen sollte, um festzustellen, ob die Hüfte in Ordnung ist. Denn auch wenn sich der Hund schmerzfrei bewegt, kann es durchaus sein, dass die Gelenkpfanne den Oberschenkelkopf nicht so weit umschließt, wie es sein soll. Hat ein Hund die Disposition für HD geerbt, bestimmt aber auch noch die Lebensweise besonders im ersten Lebensjahr, ob die Krankheit mit Symptomen auftritt oder nicht.

Herder, die zu gut und mit zu hochwertigem Futter gefüttert werden und dadurch sehr schnell wachsen, können eher an HD erkranken als solche, deren Nahrungsangebot etwas knapper ausfiel. Zudem haben wir beobachtetet, dass Herder, die sehr früh im Sport gefordert oder im ersten Lebensjahr schon lange Radtouren oder anderweitig zu stark körperlich belastet werden, eher an HD erkranken als solche, die normal mit einem eher moderaten Bewegungspensum aufwachsen. Bevor ein Herder ausgewachsen ist, sollte er eher knapp gefüttert und körperlich nicht überanstrengt werden. Auch später darf er auf keinen Fall übergewichtig sind.

Zuchtvereine verlangen eine HD-Untersuchung, bevor der Herder in die Zucht geht, um ein Weitervererben dieser Krankheit auszuschließen. Obwohl das schon lange praktiziert wird, ist HD leider immer noch eine ernst zu nehmende Krankheit, die immer wieder auftritt. Es ist nicht auszuschließen, dass auch Inzucht dabei eine Rolle spielt. Züchter, die ohne Papiere züchten, sollten auf alle Fälle ihre Zuchthunde auch auf HD untersuchen lassen, um eine mögliche Vererbung auszuschließen.

Ellbogengelenkdysplasie (ED)

Unter ED werden einige verschiedene Skelettstörungen des Ellbogengelenks zusammengefasst, die ähnlich wie bei der HD einen erblichen Hintergrund haben. Auch hier gilt wieder, dass zu gutes und hochwertiges Füttern (dadurch zu schnelles Wachstum), übermäßige Bewegung des Junghundes oder Überforderung im sportlichen Bereich die Schädigung begünstigt oder auch generell entstehen lässt. Hunde mit ED verspüren Schmerzen in der Bewegung und lahmen mehr oder minder stark. Genau wie bei HD kann hier nur noch der Tierarzt helfen. Herder, mit denen gezüchtet werden soll, sollten unbedingt auch auf ED untersucht werden, denn nur ein Röntgenbild gibt Aufschluss darüber, ob der Hund an ED erkrankt ist oder nicht. In den meisten Vereinen ist das ED-Röntgen auch eine Voraussetzung für die Zuchtzulassung.

Spondylose

Spondylosen sind krankhafte Veränderungen bzw. Verknöcherungen an der Wirbelsäule des Hundes. Zwischen den einzelnen Wirbelkörpern befindet sich die Bandscheibe. Bei einer Spondylose bilden sich am vorderen Teil des Wirbelkörpers kleine Zacken, die über die Bandscheibe wachsen können. Beginnen sich diese Verknöcherungen zu verbinden, erzeugt das Schmerzen beim Hund. Hat sich diese Brücke einmal stabilisiert, nehmen die Schmerzen wieder ab. Zurück bleibt allerdings ein steifer Rücken.

Betroffene Hunde haben nicht mehr die Bewegungsfreiheit, die andere haben. Falsche Bewegungen beim Spielen und Hopsen können Schmerzschübe hervorrufen, besonders dann, wenn die verbundenen Brücken brechen und aneinander reiben. Hunde mit Spondylose haben sozusagen chronische Rückenschmerzen, wobei man darauf achten muss, den Rücken entsprechend zu schonen.

Da es Rassen gibt, bei denen Spondylose häufiger vorkommt, liegt es nahe anzunehmen, dass diese Krankheit bis zu einem gewissen Grad auch vererbt wird. Eine Röntgenuntersuchung gibt Aufschluss darüber, ob der eigene Hund betroffen ist. An Spondylose erkrankte Hunde haben in der Zucht nichts verloren, da der Deckakt, die Tragzeit und auch die Geburt für die Hündin nur mit Schmerzen verbunden sind. Zudem ist das Risiko groß, dass auch die Welpen später Spondylose haben werden.

Beim rauhaarigen Herdershond muss für die Zuchtzulassung eine spezielle Augenuntersuchung durchgeführt werden.

Goniodysplasie (GD)

Goniodysplasie ist eine vererbbare Augenerkrankung, die zu einer Störung des Kammerwasserabflusses im Auge führt, was wiederum die Ursache für ein Glaukom (Grüner Star) sein kann. Der rauhaarige Herdershond gehört zu den Rassen, die davon betroffen sein

können. Daher muss in Deutschland nach den Bestimmungen des HSCD eine entsprechende Augenuntersuchung erfolgen, wenn mit einem rauhaarigen Herder gezüchtet werden soll.
Die Krankheit wird in verschiedene Grade von 1 bis 4 eingeteilt. Da der Genpool beim rauhaarigen Herder aber ziemlich klein ist, darf ein Hund mit dem Grad 1 oder 2 mit einem GD-freien Hund verpaart werden. Ziel ist es natürlich, dass möglichst alle Herder in Zukunft frei von dieser Augenerkrankung sind.

Was so nebenbei immer mal wieder passiert

Da der Herder ein sehr aktiver und temperamentvoller Hund ist, können auch immer mal wieder kleine und größere Verletzungen auftreten. Durch Herumjagen in Wald und Flur kann sich ein Herder die Ohren anreißen, die Beine verletzen oder die Ballen zerschneiden. Nicht selten hat man auch Bissverletzungen nach kleineren oder auch größeren Rangeleien zu versorgen.
Egal welche Verletzung sich Ihr Hund zuzieht, ist sie klein und überschaubar, reicht es, sie zu desinfizieren und der Natur ihren Lauf zu lassen. Solange der Hund eine Wunde belecken kann, hält er sie sauber und sie kann erfolgreich zuheilen. Knifflig wird die Sache erst, wenn Wunden klaffen. Dies passiert meist nach Raufereien oder auch schon mal bei ausgelassenen Spielen, wenn ein Reißzahn in der Haut hängen bleibt und sie aufreißt. Hunde haben eine sehr dicke, widerstandsfähige Haut, die nicht sehr schnell kaputt geht. Geschieht es doch, so hängen die Wundränder meist auseinander und die Haut bewegt sich über das darunter befindliche Fleisch. Auch das würde meistens von allein verheilen, allerdings geht es schneller, wenn der Tierarzt Hand anlegt und die Wunde vernäht. Dann ist alles in ein paar Tagen ausgestanden. Ist die Wunde sehr groß und blutet stark, muss sowieso der Tierarzt aufgesucht werden. Und hat der Herder größere Wunden im Bauchbereich, ist es höchste Eisenbahn, da sich dort lebensnotwendige Organe befinden.
Hat Ihr Hund einen Unfall (Absturz, Autounfall, Tritt vom Pferd, Stürze im Sport usw.) und zeigt er hinterher Schmerzen, lahmt und zieht sich zurück, dann könnte es ein Knochenbruch sein. Auch wenn Gliedmaßen nicht deformiert sind, heißt das noch lange nicht, dass sich nicht ein Riss im Knochen befinden kann. Auch hier sollten Sie einen Tierarzt aufsuchen.
Was sehr gefährlich und schleichend verläuft, sind Vergiftungen. Ausgelegtes Rattengift wird Hunden immer wieder zum Verhängnis, auch wenn es wirklich nur für Ratten und Mäuse ausgelegt worden ist. Und dann gibt es auch jene Menschen, die ganz bewusst präparierte Wurst auf Gehwegen verstecken. Der Hund findet die Wurst, frisst sie und schon ist es passiert. Auch künstliche Düngemittel, Unkrautvernichter und Schneckenkorn haben schon den Tod von Herdern verursacht. Geht es Ihrem Hund sehr schlecht, erbricht er sich oder hat er Blut im Stuhl, dann suchen Sie bitte schleunigst den Tierarzt auf und überlegen Sie, ob er vielleicht etwa Giftiges gefressen haben könnte.

Infektionen

Wie jedes Lebewesen kann sich Ihr Herder natürlich auch einen Infekt einhandelt. Wir haben nie erlebt, dass unsere Herder sehr anfällig gewesen wären oder gekränkelt hätten. Viele Faktoren müssen aber zusammenspielen, damit auch Ihr Herder ein gesunder Herder bleibt. Übergewicht und ein Mangel an Bewegung kann genauso krankmachend sein wie ständiger Stress, wenn der Hund zu häufig hartem Training und Wettkämpfen ausgeliefert ist.
Dazu kommen Umwelteinflüsse, Haltungsbedingungen, Fütterung und Pflege. Ein Hund, der in der Stadt lebt, wird vermutlich mit mehr krankmachenden Keimen in Berührung kommen als ein Hund, der auf dem Land lebt und täglich die Natur durchkämmt. Es spielt auch eine Rolle, ob Ihr Herder aus einer eher engen Linie kommt, in der Inzucht eine große Rolle spielt, oder ob er eine höhere Genvielfalt und somit vielleicht eine bessere Immunabwehr besitzt.
Infektionen äußern sich meistens mit Fieber, Mattigkeit und glanzlosen Augen. Der Hund ist lustlos, hat keinen Appetit und wirkt krank. Falls das der Fall ist, sollten Sie Ihren Hund unbedingt einem Tierarzt vorstellen.

Ihr Herder wird alt

Es gibt Herder, die werden alt, ohne wirklich alt zu wirken, und dann gibt es wieder welche, die offensichtlich gesund sind, aber klare Alterserscheinungen zeigen.

Mit zunehmendem Alter ergraut der Herder besonders rund um die Schnauze.

Wie Ihr Hund alt wird, hängt von ihm selbst ab. Plagen ihn bereits kleinere Zipperlein, wird jeder Hund das anders empfinden. Möglich, dass Ihr Hund auch schon ergraut ist. Die meisten Herder bekommen im Alter einen grauen Anstrich rund um die Schnauze, bei manchen lichtet sich auch das Fell etwas. Es könnte sein, dass Ihr Hund nicht mehr das Temperament zeigt, dass er einst gehabt hat, dass er vermehrt die Wärme aufsucht und dass das Aufstehen und Gehen manchmal, besonders an kalten und nassen Tagen, schwerfällt. Manche Herder sehen im Alter eingefallen aus, manche werden etwas dick. Bei einigen lässt die Sehkraft nach, andere werden fast taub. Man sollte akzeptieren, dass der Hund alt wird, und von ihm nichts verlangen, was er nicht mehr zu tun imstande ist. Alt werden ist keine Schande und wer seinen Hund liebt, wird ihm alles gönnen, was er nun braucht.

Herder haben eine durchschnittliche Lebenserwartung von zwölf bis 13 Jahren. Der älteste mir bekannte Herder ist fast 17 Jahre alt geworden.

Wie Ihr Herder irgendwann gehen wird, kann niemand vorhersehen. Und den Moment kann Ihnen ebenso wenig jemand abnehmen. Tun Sie Ihrem Herder aber nur den Gefallen und lassen ihn in Würde sterben.

Die Zucht des Hollandse Herdershond

Meine Erfahrung zeigt, dass es nicht viele Menschen gibt, die sich wirklich mit dem Gedanken der Zucht auseinandersetzen. Die meisten Herder, die mein Haus verlassen haben, schieben Dienst bei der Polizei oder anderen Institutionen, sind als Sporthund aktiv, werden als Wachhunde eingesetzt oder leben glücklich und zufrieden in Familien, die sich daran erfreuen können, einen doch seltenen Schäferhund im Haus zu haben.

Will man sich wirklich mit der Zucht befassen, sollte man sich einige Punkte vor Augen halten:

- Was will ich von meiner Zucht? Familienhunde? Diensthunde?
- Habe ich den Platz, einen Wurf von eventuell zwölf Welpen großzuziehen?
- Habe ich die Möglichkeit, die Welpen auch länger zu versorgen, sollten sie im Alter von acht Wochen noch nicht verkauft sein?
- Habe ich das Wissen bzw. die Fähigkeit, die Menschen, die einen Welpen haben wollen, so einzuschätzen, dass man nicht den falschen Hund an die falschen Leute verkauft?
- Will ich nach FCI-Richtlinien züchten oder eher nach KNPV-Muster?
- Kenne ich die Rasse so gut, dass ich mich an eine Zucht wagen kann?

Auch wenn die Welpen so süß sind – Hundezucht kostet viel Zeit und Arbeit.

KRITERIEN FÜR DIE ZUCHTZULASSUNG

Wer in Deutschland nach dem FCI-Standard züchtet, muss bei seinen Zuchthunden u.a. folgende Voraussetzungen erfüllen:

- *Mindestalter 18 Monate.*
- *Mindestens zwei Ausstellungsergebnisse mit der Note „sehr gut“ oder besser, von zwei verschiedenen Richtern.*
- *Auf HD und ED geröntgt, Befunde nicht schlechter als HD A oder B und ED 0 oder 1.*
- *Beim Rauhaar ist eine zusätzliche Augenuntersuchung (GD) erforderlich.*
- *Ein DNA-Profil des Hundes sowie ein „brindle“-Test müssen vorliegen.*
- *Ablegen einer sogenannten Verhaltensprüfung.*

Haben Sie weder Platz noch Zeit, einen Wurf Hunde zu beherbergen und sich um ihn zu kümmern, dann lassen Sie es besser. Solange Herderwelpen klein sind, machen sie kaum Arbeit, da die Mutterhündin so gut wie alles erledigt. Allerdings bleiben Herder nicht klein. Sie wachsen und wenn sie einmal die Wurfhöhle verlassen, beginnen sie auf Entdeckungsreise zu gehen. Ohne Garten oder Auslauf im Freien ist eine Aufzucht für Herderkinder nahezu unmöglich.
Herder bekommen im Schnitt acht bis neun Welpen. Unser größter Wurf belief sich auf 14 Welpen, von denen 13 überlebten. 13 Welpen, die ein Wohnzimmer verunreinigen und zerstören – da müssten Sie schon ein sehr großer Tierfreund sein, um das zuzulassen, und zudem einen ausgeprägten Putzfimmel besitzen, um den gesamten Dreck, den die Hunde verursachen, immer wieder wegzuputzen. Herderkinder können sich nur im Freien richtig entwickeln. Sie wollen ihre Welt erkunden und dazu gehört das Zerfetzen von Büschen, das Buddeln im Erdreich, das Fressen einer Nacktschnecke und das Zerbeißen des Gartenschlauchs.

Kurzer Abriss in die Hundeliebe mit Nachwuchs

Bevor Sie daran denken, Ihre Hündin zu belegen, sollten Sie zuerst unbedingt eine HD- und ED-Untersuchung durchführen lassen. Ob eine Untersuchung auf Spondylose sinnvoll ist, hängt davon ab, ob bei den Wurfgeschwistern Ihres Herders oder bei den Eltern oder Großeltern Spondylose aufgetreten ist. Beim rauhaarigen Herder sollte noch eine Untersuchung auf Goniodysplasie erfolgen.
Zudem sollte der Tierarzt überprüfen, ob das Gebiss Ihres Herders vollzahnig ist. Dienst- und Sporthunde sind auf ihre Zähne angewiesen. Zudem sind Zahnfehler vererbbar und können die Rasse nachhaltig schädigen.
Beim Rüden soll zudem kontrolliert werden, ob sich beide Hoden vollständig im Hodensack befinden. Es passiert immer wieder, dass Hoden aus der Bauchhöhle des Rüden nicht vollständig absteigen (Kryptorchismus). Das kann, muss aber

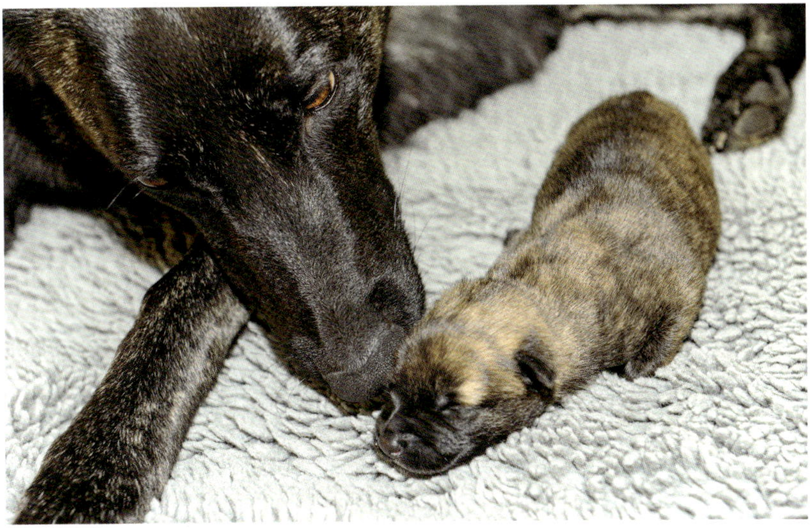

Mutterglück!

nicht unbedingt erblich bedingt sein. Einhoder haben in der Zucht nichts verloren. Planen Sie eine Zucht über einen Zuchtverein (VDH, ÖKV, SKG), so werden diese Kontrollen sowieso zwingend vorgeschrieben. Zudem werden bei Ausstellungen, die der Hund besuchen muss, um eine Zuchttauglichkeit zu erlangen, Zähne und Hoden kontrolliert.

Tragzeit und Geburt

Die Läufigkeit einer Hündin dauert in der Regel 21 Tage, wobei sich der 11. oder 12. Tag am besten dazu eignet, die Hündin zu belegen. Gut wäre es, wenn Sie schon einen Rüden gefunden haben, der Ihre Hündin decken soll, und nicht erst kurzfristig suchen müssen. Gute Rüden sind dünn gesät und eine weitere Fahrt, eventuell sogar ins Ausland, ist häufig unumgänglich.

Die Tragzeit dauert bei Herdern zwischen 60 und 63 Tagen. Gewöhnen Sie Ihre Hündin früh genug an ihre Wurfkiste oder Höhle, in der sie werfen soll. Der Platz sollte geschützt, für andere Tiere nicht zugänglich und auch für Kinder nicht erreichbar sein. Mutterhündinnen sehen manchmal in Kindern eine potenzielle Gefahr für ihre Welpen, was zu heftigen Schutzreaktionen führen kann. Auch Fremde werden von vielen Hündinnen nicht toleriert, weswegen man sehr umsichtig mit einer Hündin umgehen muss.

Im Allgemeinen werfen Herder allein und ohne große Probleme. Es gibt sehr gute Mutterhündinnen und es gibt auch welche, die man als gefühlskalt und gedankenlos bezeichnen würde. Die eine Hündin bewacht ihre Welpen wie eine Löwin, die andere nimmt es nicht so genau. Die Geburt selbst kann sich über einen ganzen Tag (oder eine ganze Nacht) lang hinziehen.

Solange die Welpen noch so klein sind, kümmert sich die Mutter um alle erforderlichen Arbeiten.

Die Welpenaufzucht

In den ersten drei Wochen gibt es nur drei Tätigkeiten für Herderwelpen: schlafen, trinken und quieken. Die Mutterhündin wäscht und putzt sie und geht nur kurzzeitig hinaus, um gleich wieder bei ihren Welpen sein zu können. Eine Hündin, die bis zu zwölf Welpen aufzieht, braucht extrem viel gutes und nahrhaftes Futter. Reines Trockenfutter ist da fehl am Platze, da es der Hündin zu viel Flüssigkeit entzieht. Sie muss jede Menge Milch produzieren und man würde sie mit Trockenfutter noch mehr belasten als notwendig. Wir weichen das Trockenfutter sehr gern auf, vermischen es mit Reis, Nudeln, Gemüse und zerkleinertem Fleisch, servieren es der Hündin mit Genuss und können schmunzelnd zusehen, wie alles in wenigen Sekunden verschlungen wird.

Wird Ihre Hündin trotz guter Fütterung mager, ist das kein Grund zur Sorge. Den meisten Hündinnen sieht man es an, dass sie säugen. Das geht vorbei, sobald die Welpen zusätzlich gefüttert werden. Gibt die Hündin sehr viel Milch und sieht entsprechend stark ausgezehrt aus, kann man sie auch nur ganz geplant zu ihren Welpen lassen und nach dem Hauptsäugen, was nur einige Minuten dauert, wieder entlassen. Das schont nicht nur die Zitzen, sondern den Zustand der Hündin. Werden die Welpen älter, wird auch die Mama wieder dicker.

Passen Sie nur auf, dass die Mutterhündin so ab der 5. Woche ihr Futter den Welpen nicht wieder vorwürgt. Welpen stürzen sich mit Heißhunger auf diesen Matsch, der aus dem Magen der Hündin kommt. Die Welpen werden dann immer runder, während die Hündin kaum zunimmt. Mit etwas Fingerspitzengefühl bekommt man das in den Griff.

Denken Sie daran, die Welpen öfter zu entwurmen. Das erste Mal zwischen der 2. und 3. Lebenswoche, dann in 14-tägigen Abständen. Somit vermeidet man Darmerkrankungen, die auf Spulwürmer zurückzuführen sind. Welpen bekommen schon im Mutterleib den ersten Wurmbefall. Das ist normal und kann nur durch diese Entwurmungen bekämpft werden.

Herderwelpen bekommen manchmal etwas Durchfall, wenn sie entwöhnt werden. Es dauert fast bis zur 10. Lebenswoche, bis sich das Verdauungssystem so angepasst hat, dass es nicht mehr darauf reagiert, wenn der Welpe mal etwas anderes als sein gewohntes Welpenfutter erhält. Bis dahin füttern wir nur das für sie gewohnte Trockenfutter, behelfen uns aber mit Kleie, Salz und auch mit hartem Brot, sollte der Durchfall länger dauern.

Kleiner Tipp: Durchfallmittel für Säuglinge, die auf Milchsäurebakterien aufgebaut sind, helfen auch den Welpen, wenn der Durchfall nicht aufhören will.

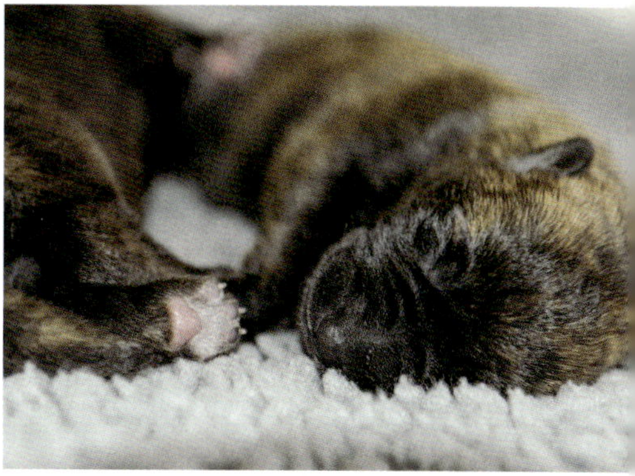

Dieser drei Tage alte Welpe muss sich vom Trinken erholen.

Herderwelpen lieben es, ihre Umgebung zu erkunden. Ab der 5. Woche unternehmen sie schon kleine Ausflüge und versuchen vorsichtig, ihre Welt zu entdecken. Mit jeder Lebenswoche nehmen nun der Mut und auch der Radius, in dem sie unterwegs sind, zu. Mit der 8. Woche steigt die ungestüme Unternehmungslust noch mehr. Wer jetzt einen schön gepflegten Garten hat, sollte vielleicht nochmal ein Foto machen ...

Sobald die Welpen geimpft und gechippt sind, selbstständig fressen und entwöhnt sind, dürfen sie ihre Zuchtstätte verlassen und bei der neuen Familie einziehen. Die neuen Hundeführer werden alle Hände voll zu tun haben, bis der Herder ein ausgewachsener, schöner und toller Hund ist.

Bald ist vor den Welpen nichts mehr sicher!

Ein paar Worte zum Schluss

Mit einem Herder an Ihrer Seite, egal ob Kurzhaar, Langhaar oder Rauhaar, werden Sie in jedem Fall auffallen. Manche werden Ihren Hund als „Hyäne“ oder als „Streifenhörnchen“ bezeichnen, das sind gängige Ausdrücke, die Sie niemandem übel nehmen sollten. Ich erklärte einst einem Besserwisser, der meinen Herder als amüsante Mischung darstellen wollte, mein Hund sei eine Kreuzung aus Malinois und Hyäne. Ich verstand das mehr als Spaß, wurde aber zu meiner Überraschung ernst genommen. „Was, so was gibt's auch!“ bekam ich zur Antwort und konnte mir ein Lachen nur mühsam verkneifen.

Ein wohl erzogener Hollandse Herdershond kann ein wahrer Genuss in körperlicher Schönheit und Ausstrahlung sein. Wir erleben unsere Herder jeden Tag aufs Neue, wagen mit ihnen spektakuläre Abenteuer und sind gern mit ihnen entweder zu Pferde oder zu Fuß im Grünen unterwegs. Nachdem wir das Eingesperrtsein der Zwingerhaltung nicht unbedingt mögen, haben wir uns entschlossen, der Haltung in Rudelform mit der täglichen Begleitung bei all unseren Arbeiten am Hof den Vorzug zu geben.

Wir üben und trainieren das, was uns wichtig ist und was wir in Momentsituationen benötigen. Nachdem uns unsere Hunde beim Reiten oft stundenlang begleiten, haben sie vermutlich mehr Bewegung und sind mehr mit ihrem Umfeld konfrontiert als so manch anderer Hund. Aber nicht jeder hat diese Möglichkeiten, deswegen ist die Arbeit auf dem Hundeplatz eine willkommene Abwechslung.

Natürlich sind auch unsere Hunde erzogen und haben gelernt, gewisse Kommandos zu befolgen. Doch wir frönen dem Hundesport nicht so, wie es so manch anderer tut.
Ich und meine Familie sind Mitglieder eines großen Rudels, das sich so organisiert hat, dass es funktioniert. Jeder hat in dieser Familie seinen Platz, jeder seine ganz bestimmte Aufgabe.

Meine Hunde vergöttern mich, ohne dass ich groß was dazu getan hätte. Es gibt für mein Hunderudel nichts Schöneres, als in meiner Nähe zu sein und mit mir etwas zu tun, was einfach Spaß macht. Sie lieben es, meinen Anweisungen Folge zu leisten, lieben das Lob noch viel mehr und manchmal scheint mir, als würden die einzelnen Hunde nur darauf warten, etwas ganz Spezielles für mich tun zu dürfen, und wenn es nur das verlorengegangene Halfter ist, dass auf der Koppel gesucht, gefunden und gebracht werden muss.

Gegen nichts auf diesem Planeten würde ich meine Mensch-Hunde-Familie eintauschen wollen und meine Herder verdienen den allergrößten Respekt meinerseits, da sie mich lehren, wie Hunde sind, ihre Welpen so sorglos aufziehen, wie sie es tun, mir jeden Tag immer wieder zeigen, wie groß die Liebe zwischen Mensch und Tier sein kann, und die Bereitschaft haben, meine ganz menschlichen Launen ohne zu murren zu ertragen, und auf jene Momente warten, in denen wir nur eine große, glückliche, vielleicht sogar etwas schräge Familie sind. Für das alles will ich meinen Herdern und allen anderen Hunden, die auf unserer Ranch wohnen, ganz herzlich danken.

Anhang

Adressen

Fédération Cynologique International (FCI)
FCI Generalsekretariat · Place Albert 1er, 13
B-6530 Thuin
Belgien
www.fci.be

Verband für das Deutsche Hundewesen e. V. (VDH)
Westfalendamm 174
D-44141 Dortmund
Telefon: +49 (0)231 565000
E-Mail: info@vdh.de
Internet: www.vh.de

Österreichischer Kynologenverband (ÖKV)
Siegfried Marcus-Straße 7
A-2362 Biedermannsdorf
Österreich
Telefon: +43 2236 710667
Telefax: +43 2236 710667 30
E-Mail: office@oekv.at
Internet: www.oekv.at

Schweizerische Kynologische Gesellschaft (SKG)
Sagmattstrasse 2
CH-4710 Balsthal
Schweiz
Telefon: +41 31 3066262
Telefax: +41 31 3066260
E-Mail: info@skg.ch
Internet: www.skg.ch

Raad van Beheer op Kynologisch Gebied in Nederland
Postbus 75901
NL-1070 AX Amsterdam
Niederlande
Telefon: +31 20 664 44 71
Telefax: +31 20 671 08 46
E-Mail: info@raadvanbeheer.nl
Internet: www.raadvanbeheer.nl

Nederlandse Herdershonden Club (NCH)
Secretariaat
Bredeweg 63 C
NL-6562 DC Groesbeek
Niederlande
Telefon: +31 024 3971035
E-Mail: secretariaat@hollandseherder.nl
Internet: www.hollandseherder.nl

Holländischer Schäferhund Club Deutschland e. V. (HSCD)
Geschäftsstelle
Gartenstraße 4
D-53340 Meckenheim
Telefon: +49 (0)2225 9090391
E-Mail: info@hscd-ev.de
Internet: www.hscd-ec.de

Schweizerischer Club Holländischer Schäferhunde (SCHS)
Internet: www.herdershond.ch

Deutscher Hundesportverband e. V. (dhv)
Vosshoeveler Straße 9a
D-46485 Wesel
Telefon: +49 (0)281 2068168
Internet: www.dhv-hundesport.de

Österreichische Hundesport Union (ÖHU)
Eichenweg 2
A-5222 Munderfing
Österreich
Internet: www.oehu.at

Königlich Niederländische Polizeihundevereinigung (KNPV)
Internet: www.knpv.nl

Kontaktadresse der Autorin:
Sandy Kien
Vorderbruck 8
A-2770 Gutenstein
Österreich
Telefon: +49 699 12702885
E-Mail: sandy@silvermoonkennel.at

Zum Weiterlesen

Bauer, Tanja und Lehari, Gabriele: **Hoopers-Agility. Hundesport ganz ohne Springen.** 3. Auflage. Oertel+Spörer, Reutlingen 2020.

Boulanger, Robert und Trautmann Zenoni, Gabriella: **Mantrailing – Teamarbeit mit Nase und Verstand.** Oertel+Spörer, Reutlingen 2013.

Busch, Sigrid Petra: **Das Tao der Hunde. Verständigung mit Körper, Geist und Seele.** Oertel+Spörer, Reutlingen 2020.

Fallscheer, Ute: **Der Weg zum guten Hundeführer.** Oertel+Spörer, Reutlingen 2018.

Gelhaus, Nadine: **Futterfibel. Hunde gesund ernähren.** Oertel+Spörer, Reutlingen 2013.

Hartmann, Michael: **Patient Hund.** 2. Auflage, Oertel+Spörer, Reutlingen 2010.

Howald, Erika: **Wenn Hunde das Sagen hätten ... würden sie Menschen anleinen.** Oertel+Spörer, Reutlingen 2017.

Hoyer, Milan und Jadatz, Klaus: **Fährtenarbeit. Fährten lernen ohne Stress und ohne Zwang.** 2. Auflage, Oertel+Spörer, Reutlingen 2018.

Jadatz, Klaus: **Der moderne Gebrauchsbund.** 4. Auflage, Oertel+Spörer, Reutlingen 2021.

Jansen, Karin: **Rassespezifisches Territorialverhalten bei Hunden – Richtiges Verständnis und Erziehung.** 2. Auflage, Oertel+Spörer, Reutlingen 2018.

Jansen, Karin: **Rassespezifisches Jagdverhalten bei Hunden – Verständnis, Beschäftigung, Jagdkontrolle.** Oertel+Spörer, Reutlingen 2014.

Kolbe, Katrin und Lehari, Gabriele: **Nasenarbeit.** Oertel+Spörer, Reutlingen 2013.

Kolbe, Katrin: **Wie Hunde lernen.** Oertel+Spörer, Reutlingen 2016.

Koller, Raphaela: **BARF-Rezepte.** 4. Auflage, Oertel+Spörer, Reutlingen 2015.

Küng, Silvia: **Sozialpartner Hund.** Oertel+Spörer, Reutlingen 2016.

Nehmet, Manuela: **Beschwichtigen, Drohen oder nur Spielen? Die Signale des Hundes richtig deuten.** Oertel+Spörer, Reutlingen 2017.

Nehmet, Manuela: **Shapen. Positive Verstärkung in der Hundeerziehung mit Markersignalen.** Oertel+Spörer, Reutlingen 2018.

Reichenbach, Uta: **Wie Hunde kommunizieren.** Oertel+Spörer, Reutlingen 2011.

Reichenbach, Uta und Lehari, Gabriele: **Der zuverlässige Begleithund. Von der Welpenerziehung bis zur Begleithundprüfung.** 4. Auflage, Oertel+Spörer, Reutlingen 2021.

Röthig, Doris: **Rettungshundeausbildung zur Flächensuche.** 2. Auflage, Oertel+Spörer, Reutlingen 2016.

Schilling, Ines: **Fahrradfahren mit Hund. Im Alltag, in der Freizeit und im Straßenverkehr.** Oertel+Spörer, Reutlingen 2021.

Sinner, Tanja und Lehari, Gabriele: **Obedience. Gehorsam in Perfektion.** Oertel+Spörer, Reutlingen 2010.